文案的基本修煉

創意是門生意，提案最重要的小事

The

Making of

A Copywriter

東東槍

著

目錄

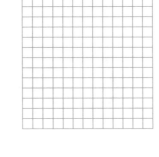

Part 1

讓你的文案、廣告更有價值

Part 2

Brief 裡最重要的小事

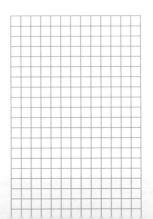

Part

3

身為乙方的人生修煉：提案

Part 4

成功的文案要讓人說出
「這是個好產品、好品牌」

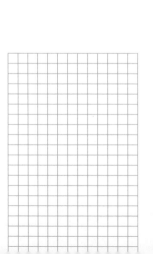

這是一本誠懇切實的廣告創意作業基礎教程，在這本書中，我看到的是專業創意知識與一線廣告作業經驗的踏實總結與悉心傳承，是這個行業至為珍貴的常識，值得新人揣摩牢記，值得從業者反省重溫。

—— 宋秩銘（TB Song）／奧美大中華區董事長

誠實謙和，以個人的修養來談文案的修養，在這個標榜高手與大師的年代，用本真抗衡浮誇，讓這本小書獲得充實飽滿的分量。

—— 林桂枝／原北京奧美廣告執行創意總監首席撰文總監

認真、嚴謹、有條理，充滿了洞見，在不少地方給我這樣的「老工人」都上了一課，發出「哦，原來這個道理是這樣的，我會是會，但就是沒想到能總結出這麼直白有效的概念」的讚歎。

—— 邱欣宇／遠山文化傳播創意總監

這本書的內容寫的不是如何寫文案的技巧，而是傳播如何發揮功效的原理，甚至有許多內容竟是如何企劃的策略道理，想必東東槍的工作生涯中，若非遇到過一個傑出的企劃夥伴，於是接受過無數的啟發，不然就是從未接到一個合格的企劃簡報與過癮的創意按摩，所以一切都得自己來從頭梳理思路，也因此融會貫通我們這行的真理，並且能夠深入淺出，用大白話來分享心得。

—— 葉明桂／臺灣奧美集團首席策略長

東東槍將自己的經驗與思考結果，以他特有的表達風格傳遞出來，讀來酣暢淋漓，如醍醐灌頂。用心良苦，且開卷多有助益，非常值得推薦。

—— 陳剛／北京大學新聞與傳播學院副院長

讓你的文案、廣告更有價值

Part / 1

01 用最討人喜歡的 方式打擾

　　有一次我跟一位業界前輩聊天,他說起一個觀點:「我們這個行業很對不起大家,因為老是打擾人家,強迫他人看我們塞給他們的東西,我們都很內疚,怎麼辦?只有努力把那些東西做得好看一點,讓它不那麼討人厭,讓大家別那麼討厭我們。」

　　他說的這種打擾,是很多傳統廣告形式的「原罪」。其中,TVC(Television Commercial,電視廣告)尤其如此。

　　我猜,TVC 這個名詞想必也會很快被淘汰或升級,或許應該現在就改口稱呼 Video Commercial(影音商業廣告)之類才對。如今的 TVC 大多已經不再主要投放在電視頻道的節目間隙,而是投放在影音網站的影音內容前,短影片 APP 的內容資訊中,

或是大樓電梯內外的螢幕上。

　　所有 TVC 要解決的首要問題，確實就是「怎麼樣讓人願意看」。因為你花錢買了人家的時間，強迫人家看。TVC 沒人看，更沒人愛看，這是個事實。每一次電視上、電梯裡、捷運站內的小螢幕裡，或是在本來要看的影片的開頭、中間，突然冒出一個 TVC 的時候，絕大多數人的第一反應一定不會是「廣告出現了，我要看看是什麼！」，而是「討厭，又有廣告！」

　　當然，有一些媒體形式下的廣告有其特殊性，比如電梯廣告。電梯裡的人很可憐，面對廣告，他們無處可逃。電梯內貼一張海報你可以不看，弄個大螢幕把一句話重複說 10 遍，你怎麼能不聽？所以，也有一些專精於此類媒體形式的同行前輩說過一個觀點：「有時候不要太把這個原罪當回事，直接硬來就對了。反正怎麼做都是打擾，反正不管如何用心，人家都還是討厭你。能做的就是既然把人家按在那了，就趕緊把話清楚響亮地說完，別來那些假模假樣的花招。這種時候再強調觀賞性、娛樂性，只是浪費大家的時間和資源。」在這種觀點指導下創作出來的廣告作品，想必大家也都見過很多。

　　其實，說來也奇怪，以往 TVC 這種傳統媒體，常被認為是可以強制受眾收看的，路牌、公車站牌、電視裡的廣告、影片前的廣告片頭，被認為是躲不掉的，所以不必考慮互動的問題。

但顯然，這種「躲不掉」實際上是非常自欺欺人的。很多人會認為因為花了錢，所以 TVC 這種東西大家都會看到，不管做得多難看，或是沒人願意看也沒什麼關係。

大家對 TVC 的排斥，比起在社交媒體上看到的內容要強烈得多。如果在朋友圈看到有人轉發一個訊息，這是搭載了轉發者的信用的，轉發的內容有朋友的背書，代表了他的推薦和認可。TVC 卻沒有這樣的背書——應該也很少有人因為喜歡某家電視台，而格外認真觀看這家電視台的廣告吧！

所以我們在發想、創作一則 TVC 腳本的時候，就不能假想對方會一直盯著畫面、聽著聲音，看完 30 秒。因為很多人的習慣是見到廣告就先去做點別的事，起身喝水、上廁所或是滑手機。若是彈跳式廣告，就看一下有多少秒，然後調成靜音，先瀏覽其他網頁。沒有人會瞪著眼睛看影片前的彈跳式廣告的。反正我不看，哪怕只有 10 秒，我也會到其他網頁轉一圈再回來。

以往，更主流的觀點仍然是「既然做這個東西是打擾別人，我們就應該提供足夠的娛樂性」。娛樂性指的是帶給你視覺上的愉悅感，有可能是我請來你喜歡的美麗明星，展現你嚮往的生活，用最美的方式……

這種娛樂性，第一是吸引觀眾的注意力，第二是減少他們的反感。但要是說得更大，站在一個更高的角度上來講，為什

麼要做這些東西？我們就是在製造糖衣砲彈，這些東西都是包裹在砲彈外邊的糖衣。我們要讓別人把砲彈吃了，只能給他一個足夠好的糖衣。糖衣砲彈式的廣告，是之前很多年裡廣告的主流模式，甚至在很多人眼裡，這是廣告的唯一可能，就是說，所有的廣告都得是糖衣砲彈，而創意人員就是生產糖衣的人。

在這種情況下，如何找到最討人喜歡的打擾別人的方式，就是創意人員的職責。這也是當前很多代創意人，都在努力的事情。

02 學習製造 「巧克力炮彈」

事實上，廣告的「討人喜歡」未必要靠提供娛樂性實現。一則創意內容之所以遭人厭煩，是因為這個內容是純粹的打擾，沒有提供任何價值。

根本的解決辦法，是要把廣告變成有價值的內容。

這裡所說的「價值」，非常多樣，常見的，我認為是以下五種：審美價值、娛樂價值、情感價值、知識價值、社交價值。

白話一點的說法，這五種價值分別對應著幾種受眾的感受：愛看、有趣、心動、好用、想玩。

這幾點，在一些新的媒體平台上尤其重要。比如抖音，廣告與內容的呈現方式基本上已經沒有區別，廣告內容不是放在單獨的廣告位置，而是在資訊流或頁面上與正常的非商業內容

以同樣方式展示。這種情況下，「讓廣告成為有價值的內容」已經不只是一種選擇，而是一道不得不完成的必答題。

不過，讓廣告成為有價值的內容，並不是什麼全新的邏輯。正如我從來不認為內容行銷是一個新技術催生的新概念。

大衛・奧格威曾為健力士啤酒創作過一組廣告，主題分別為「The Guinness Guide to Oysters」（健力士生蠔指南）、「The Guinness Guide to Cheese」（健力士乳酪指南）、「The Guinness Guide to Steaks」（健力士牛排指南），內容是為當時的廣告讀者介紹不同的食材特性和口味，並且指出這些食材搭配健力士啤酒會帶來更加美妙的美食享受。

這些食材指南，完全是靠知識價值來討人喜歡。

而另一篇幾十年前的經典廣告，Chivas Regal（奇瓦斯）的父親節廣告「To Dad」（致父親），則完全是以情感價值，讓一篇廣告文案變成了至今讀來仍然觸動人心的傑作。那篇文案我曾試著翻譯中文版，放在這裡供各位參考。

致父親——
因為我一生下來就認識了你。
因為那天，那輛紅色的 Rudge 牌自行車讓我成了整條街上最開心的小男孩。

因為你允許我在草坪上玩蟋蟀。

因為你有一回腰上圍著抹布，在廚房裡跳舞。

因為你總是為我掏出你的支票本。

因為我們的家裡一直充滿書香和笑聲。

因為無數個星期六早晨，你放棄自己的娛樂，看一個小
男孩玩橄欖球。

因為你從不對我期望太多，也從不讓我空手而去。

因為無數個深夜，我在床上安睡，你還在案頭工作。

因為你從不在我面前說任何下流話，讓我難堪。

因為你錢包裡還放著那張褪色的剪報，上頭是我拿到學
位的消息。

因為你總告訴我，一定要把皮鞋的鞋跟擦得和鞋尖一樣亮。

因為你 38 年來，每一年都記得我的生日，一共 38 次。

因為你現在見到我，還會給我一個擁抱。

因為你還總買花回家給媽媽。

因為你的白髮實在太多了，而我知道它們因何而來。

因為你是個好爺爺。

因為你讓我的妻子覺得自己也是這個家的一份子。

因為我上次請你吃飯，你說麥當勞就很好。

因為每次需要你，你都會在。

因為你允許我犯錯，也從來不說「我早跟你說過」。

因為你老假裝你讀書之外，還不用戴老花眼鏡。

因為我對你說「謝謝」說得太少了。

因為今天是父親節。

因為，如果你還配不上這瓶 Chivas Regal，

還有誰配呢？

　　這些經典的廣告，其實已經完全是所謂內容行銷，是將廣告變為非常有價值的內容。我們回溯當年麥迪遜大道上的廣告大師們的作品，都是以各自的方式，將廣告變成精緻的藝術、動人的文學、有趣的娛樂。比爾‧伯恩巴克、喬治‧路易士、大衛‧奧格威等人雖然在觀點和風格上有所分歧，但都努力做著同一件事。他們是不同門派，並非不同物種。

　　自他們那個時代直到今日，我們看到的所有經典廣告，幾乎都提供了上述所說幾種價值裡的某一種或某幾種。當你因為一則廣告而捧腹大笑、熱淚盈眶、心湖澎湃時，就是這則廣告作品裡的審美價值、娛樂價值、情感價值發揮作用；當你認為一則廣告裡介紹的產品、功能、道理，正好解決了你的某個具體問題或對你有所啟發，就是這則廣告的知識價值正好受你珍視；當你看到一則廣告，就忽然覺得一定要將這則廣告分享給

誰看看，或是很想要參與、互動一下，就是這個廣告正好提供你一個社交價值，對你的社交關係和行為提供某些幫助。

事實上，剛才我們把這五種價值分為了三組。

審美價值、娛樂價值、情感價值是一組，選擇哪些審美價值、娛樂價值、情感價值來感染受眾，通常要基於社會群體洞察來考慮；知識價值則往往是直接跟消費品項或產品有關的知識，所以經常是源自消費群體洞察；社交價值則主要是與參與群體洞察有關。

當然這並非絕對，中間偶有交叉跨界，但基本上是這樣的分布趨勢。

你的廣告不能變成菜餚裡的沙子，必須變成一種好吃的食材，才不會被受眾毫不猶豫地用筷子挑揀出去，扔到一邊。我們必須學會用巧克力製造砲彈，像當年那些廣告一樣。

用糖衣砲彈式的邏輯來理解廣告創意，確實也會導致一些問題。

比如說，有些生產糖衣的人，會有一種奇怪的想法——他們仇恨砲彈。我猜可能是這麼回事：生產糖衣的人生產出來的糖衣越來越好，他們太在乎，也太喜歡自己做出來的糖衣了。這種情況下，他們發現，砲彈一旦多了就成為累贅，他們總是隱隱約約地盼望著，要是沒有中間那顆砲彈多好，如果沒有砲

彈，糖衣會做得更精緻、更新奇。

　　這麼想，當然是愚蠢的。只顧糖衣不顧砲彈，是完全本末倒置。而且，這種立場也會導致負責生產砲彈的人，越來越戒備或者抵觸你的那層糖衣。因為糖衣的包裹會被認為是一種不得不接受的累贅，甚至是對砲彈的削弱。在這種觀點的指導下，糖衣就該越薄越好，越少越好。

　　廣告資訊與創意內容的關係，從搭載到植入、到融合，經歷了不同的發展階段。如今我們這個年代，廣告與內容之間的界限，也已經變得更加模糊不清，甚至有時完全不復存在。

　　這種情況下，當我們談及創意內容與商業資訊的關係，糖衣與砲彈的比喻能說清一些問題，但實際上並不永遠適用。

　　前文也曾談及：一流的砲彈不需要糖衣，一流的糖衣本身就是砲彈。

　　所以，你既要掌握製造一流糖衣砲彈的本事，也要清清楚楚地記得，糖衣砲彈不是廣告的唯一可能。

讓廣告不再是打擾，還有一種解決路徑是精準投放。憑藉技術和資料，將合適的廣告放送給正急需相關資訊做出決策的消費者，廣告就未必是一種打擾，而是消費者渴求的、非常有價值的資訊。一位正考慮換車的車主，會主動搜尋他感興趣的車型的廣告及相關資料，去了解、比對。如果這幾款汽車廣告在這個時候放送給他，那就不是打擾，而是雪中送炭。以往，這種精準的推播也許沒辦法實現，但今天依靠技術則完全可能。

學好
加減法

　　話題之所以從 TVC 該如何創作，轉移到廣告與內容的關係，實在是因為，對於以傳統 TVC 為代表的電視廣告來說，這是最需要明確認識到，並且著手解決的問題。而明確前文所說「有價值的內容」原則，以及熟練地運用幾種不同的人群洞察，為 TVC 賦予以上所說的五種價值，是解決這個問題的根本原理。

　　明確原理後，再來談談具體操作上的一些注意事項。

　　TVC 的發想，與之前所說創意發想的基礎邏輯一樣，依然是要將傳播目的、核心體驗，與人群洞察做結合。而在操作層面上，我的建議是：在 TVC 的發想階段，要做好加法。

　　做好加法的意思是，要提醒自己，TVC 裡可供你調動的元素非常多──場景、人物、情節、對白、音樂、運鏡、剪輯、

特效、字幕、動畫……任何一個方面，都可能有新的做法、新的玩法、新的組合。

甚至有時候，其中一個方面的某個新想法，就足以產出一則非常新奇、有趣、動人的 TVC 作品。

有時，一個平庸的 TVC 腳本，只要加上某個新的想法或手法，就可以產生完全不同的效果。比如，賣鞋子的董平*（希望你還沒忘了他），要為自己的鞋子做春節促銷的 TVC，他想出一個主意，非常簡單，就是站在自己的鞋店門口，說出自家鞋子新年促銷的消息。

如果加上一些手法上的花招，這條 TVC 就有可能呈現完全不同的面貌──如果把那些促銷資訊寫成繞口令呢？如果他說話時旁邊有一支搖滾樂隊伴奏呢？如果他不是站在自家門前，而是瀑布的水流之下呢？如果他背後的房子被裝飾成了城堡呢？如果他裝扮成古代武士的樣子呢？如果他一說話就有彈幕從他嘴裡噴發出來呢？如果他說話的聲音變成小孩子的嗓音呢？如果是由一個以黏土動畫做成的董平來說出促銷資訊呢？如果不是董平自己，而是一群老人家來說出這個促銷資訊呢？如果董平騎在一頭黃牛上宣布促銷訊息呢？如果他是倒立著說話呢？如果是一只皮鞋宣布自己要打折促銷呢？如果董平根本不說話，一言不發，在一張紙上一個字一個字地寫出促銷的消息來呢？

---

* 作者於《文案的基本修養》中以董平、薛霸兩位荒島賣鞋的推銷員為例，講述依商業目標制定傳播策略的途徑。

如果董平和自己的小兒子一起說出這個促銷消息來呢？……

　　坦白說，列舉以上這些可能性，我只花了兩三分鐘，基本上是不假思索地直接敲出來就可以了。而實際操作時，很多平凡的 TVC 腳本都可以用這種加法來加分。讓 TVC 變得討人喜歡，有時候並沒有那麼難。

　　光會加法並不夠。加法是發想階段的事，在 TVC 腳本的撰寫階段，更重要的事情變成了做好減法。

　　這裡所謂減法指的是，你要以盡量少的筆墨、盡量少的細節，勾勒出想要呈現的那個生動有趣的 TVC 畫面，在讀者腦海中建立起正確的想像。

　　首先，盡量減少那些根本無法呈現的元素和細節。

　　所有的電影編劇教材裡都會提到，請不要寫任何鏡頭拍不出來的東西。我們經常看到一些腳本，第一句是——

　　星期天早上，43 歲的工程師張先生走出他的家門。

　　看起來很清楚是不是？有問題嗎？問題很大。

　　如果你是個導演，拿到這樣一句話，你會怎麼拍？你要怎麼讓這一幕說明白，這人是「43 歲的工程師張先生」？而且他是走出「他的家門」？而且，還得告訴別人，這是「星期天的

早上」？

還有更厲害的，有人寫——

星期天早上，43 歲的工程師張先生剛跟太太吵過架，他滿懷憤怒，走出自己的家門。

這怎麼辦？他剛剛跟太太吵過架，而且滿懷憤怒。這件事，該怎麼拍出來？

如果真要交代那些背景資訊，你或許應該寫成——

一個中年男人走出一棟房子的房門。

字幕：張先生 / 43 歲 / 工程師。

此時，一個路人走過，向他打招呼：張先生，星期天的早上還這麼早出門啊？

或是：

一個中年男人走出一棟房子的房門。

他看了看自己的手機，手機上顯示：星期天，07：13。

字幕：張先生 / 43 歲 / 工程師。

如果你確實還要表現他剛跟太太吵過架，而且還在氣頭上，你應該寫：

　　一個中年男人怒氣沖沖地走出一棟房子的房門。
　　他看了看自己的手機，手機上顯示：星期天，07：13。
　　房門裡傳出一個女性大聲謾罵的聲音。
　　男人回頭怒吼了一聲：離婚！
　　字幕：張先生 / 43 歲 / 工程師。

　　大家知道區別了嗎？「星期天的早上，43 歲的工程師張先生剛跟太太吵過架，走出自己的家門。」這種寫法，作為影片腳本，是不可接受的。
　　任何無法直接呈現為視聽語言的東西，都不該出現在腳本裡。因為這不僅會給後面的執行帶來很多問題，而且，稍微內行一點的人就能看出你是個新手，這部片子你根本沒想清楚。
　　其次，是盡量減少那些非必要或暫時非必要的細節。

　　春天，空曠的原野上。
　　一個沒穿衣服的胖子站在草叢中間，表情呆滯。

假設這是某部 TVC 腳本的開頭。我覺得，這就是比較清楚的交代。

在這部片子進入拍攝階段的時候，導演也許會把它變得豐富很多，你最後看到的片子也許是這樣——

空曠的原野上，一片春天的嫩綠，遠處有一棵小樹。

近處的草叢裡，一隻蜜蜂正胡亂飛著。

鏡頭跟隨它飛來飛去，直到它停下來，落在一雙白白的、腿毛稀疏的、站立著的腿上。

鏡頭切換為中景，我們看到，原來，草叢中站著一個四十幾歲的白人男性胖子，他眼睛很小，戴著金框眼鏡，沒穿衣服，呆呆地站著，面無表情。

蜜蜂在他的腿上爬動，他的臉上完全沒有任何反應……

導演是可以根據他的想像，適度補充這些細節的。但在腳本階段，未必需要白紙黑字寫下來。

我們不必先著墨在這些事上，一是會分散讀者（腳本的讀者通常就是你的同伴或客戶）的注意力，二是一些本來不必要的細節也許會在拍攝時帶來麻煩。非必要的細節，永遠都有機會增加，一開始就死死地抓住這些沒有意義的細節，卻有可能

出問題。

　　做好減法，不是減掉的越多越好。假如有人寫了一個腳本，開頭部分是這樣的——

　　星期五深夜，一家創業公司的辦公室裡。

　　同事們都已下班，45 歲的程式設計師趙先生還忙碌地加著班，為了手邊的專案，他已經連續兩個星期廢寢忘食。

　　這時，隔壁部門的經理 Jessica（潔西卡）正要趕去酒吧跟朋友吃飯喝酒，她看到趙先生還在加班，滿懷嘲諷，走到他身邊。

　　Jessica：喲！還沒下班呢？

　　這當然是有問題的。但如果我們的減法做成這樣——

　　一個男人坐在辦公室裡工作。

　　此時，一個女孩過來對他說：還沒下班呢？

　　這算是會做減法嗎？當然不是。看起來簡單明確，實際上一點都不清楚，因為這個世界上根本不存在一個抽象的男人，這種描述根本建立不起精確的想像來。

我建議這麼寫──

深夜，擁擠狹窄的辦公室裡。

辦公室裡只有一個頭髮亂蓬蓬、滿臉鬍渣的中年男人，他眼睛死盯著電腦螢幕，雙手不停敲擊鍵盤。

此時，一位身姿綽約的女孩，拎著皮包，邁著輕巧的腳步走過來，語氣輕佻地對他說：喲！還沒下班呢？

看出區別了嗎？第一，我增加了一些細節。第二，我增加的所有細節，都是可以直接在畫面裡表現出來的。第三，每一個細節都有著清楚的目的。

將對故事的必要交代化為畫面中的細節、表演中的動作，是每位編劇的基本工，也是廣告文案的基本工。通常只有 15 秒，也只能將一切濃縮，將所有不必要的、無法表現的、干擾性的細節減掉。

我們在各種作品集裡看到那些動人的、震撼人心的廣告，大多數被剪成了 45 秒或 60 秒，甚至更長。儘管這些片子在真正投放的時候，可能也只是寒酸的 15 秒版本。我們看到的，往往是它們應該的樣子，而不是它們本來的樣子。實際工作中，我們永遠面對的困難，就是如何在 30 秒甚至 15 秒之內塞進一

大堆我們要說的話和訊息，但是又要它有趣、動人。有時候你必須採用特別符號化的元素，特別有代表性的場景、對白、人物，因為你不能讓觀眾把注意力都用來猜測畫面背後的真實表達意圖。你得將更多時間用來交代真正要說的東西。

　　簡潔而準確，是撰寫腳本時，最關鍵的原則。這需要用心學習，也需要適當練習。你可以看一些好的電影，甚至看看那些電影的劇本，可以試著一場戲一場戲地分析，看那些導演是如何用一場戲就讓我們知道那個人是個殺人如麻的惡魔，而此前那個編劇又是如何用三言兩語就讓這場戲躍然紙上。

老問題，
遇見新辦法

平面廣告（print ads）、戶外廣告（outdoor ads）、廣播廣告（radio ads）、直郵廣告（DM／EDM）、銷售點材料（POSM）……這些廣告文案領域的傳統項目，近些年受關注的程度都大不如前。平面媒體衰退，現在的文案恐怕已經很少有機會寫出完整的、標準的平面廣告；實體店家衰退，各種店內商品已經沒有以前那麼重要；直郵廣告，恐怕更是大半已經被新的廣告方式替代。

我聽到一些資深創意人員感慨說以前很多的廣告原理都不適用了，新的媒體形式，似乎已經讓以往的知識和經驗迅速貶值。

我沒那麼悲觀。我的基本判斷是廣告傳播和創作的基本原

理沒有什麼本質變化，實際工作中，很多新的廣告樣式、形態，也還只是此前這些廣告形式的變種或演化，基本的創作原理，雖然也需要不斷更新優化，但仍然是相通的。

「術」在變，「道」不移。

不管在什麼全新的媒體上做廣告，我們照樣要有相應的傳播策略，要去挖掘相應人群的洞察，找到合適的 idea。唯一的不同只是，我們在發想創意 idea 的時候，要考慮到面對的是一群全新的目標消費者，而發想執行 idea 的時候，也要基於特別的媒體環境來考慮。新的媒體會帶來一些便利和新的可能，因為每個媒體也許都有一些獨特的手段和技術可以利用，但同時，也都有可能會給我們帶來一些束縛。

這不是某一個平台、某一種媒體的事，每種媒體都不相同，都有它獨特的風格、獨特的語言、獨特的受眾。這也不是某一個時代的事，每個時代都有新的媒體湧現出來，只不過我們這個時代，新媒體湧現的數量和變化程度都更多一些而已。我們碰到的並不是一個新問題，而是所有廣告創意人都可能碰到的問題，是以往那些前輩已經努力解決了幾十年的問題。而且，當年他們碰到的問題，可能一點也不比我們遇到的簡單。

以往，在一本文化類雜誌刊登一則平面廣告、在某女性時尚雜誌刊登一則平面廣告、在某城市以當地中老年人為主要讀

者的晚報刊登一張平面廣告，我們也一樣要具體考慮這些報刊
不同的讀者，他們都有什麼樣的心態、什麼樣的洞察，大概是
怎樣的人。雜誌不同的開本，不同的翻頁方式，也有可能影響
我們這個 idea 的具體做法，這跟現在我們在不同的互聯網媒體
上刊登一個廣告時需要區別對待，原理上是一樣的──都要基
於具體的媒體、具體的人群，來找出適合他們的洞察，發想屬
於他們的 idea。

　　反倒是我們現在擁有的手段更多。針對人群的洞察，以及
具體對媒體的了解，有的時候是可以靠人工智慧、大數據的説
明來完成的。而且，有無數人正在做這些工作，廣告當中的很
大一部分，已經可以靠技術來輔助實現，而不是靠人的甄別、
猜測來實現。

　　技術讓這件事變成可能。具體入微地「設身處地」，在以
往是難以真正實行的，因為傳統廣告難以將大量與訂製這兩件
事完美兼顧。而現在，各式各樣的廣告，隨時測試、隨時調整
廣告刊登方案，甚至創意內容，都是完全可以實現的事情。

05

看見
那條軌道

05

接下來，我們花點篇幅，談談一般創意人員作業的基本流程。

我依據個人工作經驗，理出一個簡單的作業流程圖（見下頁）。如果再簡化一下，這些流程中的核心步驟是──

1. 策略溝通
2. 創意發想
3. 團隊討論
4. 內容創作
5. 客戶提案
6. 作品執行

策略探討	了解背景／辨明方向
書面 Brief	形成共識
小組討論	初步構想／工作方式／時間安排／回答疑問
各自發想	盡情發散
彙整討論	互相檢驗／篩選／優化
記錄總結	備忘以便內部溝通
內部評估	進一步檢驗／篩選／內容
製作檔	呈現展現 idea 核心內容
客戶提案	充分表達／獲得認可
修改執行	優化／執行

但坦白說，現實中的作業從來不是這樣環環相扣、順利完成的，往往充滿了反覆和缺失，會一次次地出現各種意想不到的狀況。三百六十行，行行出狀況。

　　但即使如此，你也應該知道，這件事情的標準流程應該是怎樣的，不一定每件工作都順順利利地往下推進，但我們還是要努力把它帶回正確的軌道。很多時候，與其他部門同事發生各種爭執討論，大家為的就是把事情帶回正確的軌道上。

　　前提是我們要清楚地看見那條軌道，知道它在哪，長什麼樣子。

　　腦子裡對這條正確軌道沒有認識，很多時候就會聊得非常混亂。不怕爭執，只怕大家根本不清楚爭執的是什麼，也不知道什麼時候該停止爭執。如果有這麼一個正確的東西在每個人腦子裡，那就不一樣了。每個人腦子裡的那套體系可以是不一樣的，但有沒有這套體系很重要——你知不知道自己在幹什麼，知不知道自己在說什麼，知不知道自己要捍衛的是什麼，不必捍衛的又是什麼，知道哪些東西可以放棄，哪些東西必須堅持到底。

　　我見過一些錯誤的做法——該思考策略的時候，卻直接看創意；從創意倒推策略、選定了策略、發展出創意，該評論創意的時候，又開始著眼於挑剔執行；好不容易挑剔好了，真到

了仔細推敲執行的時候，他心裡又沒底了，覺得哪都不對，開始反省，拉著大家聊策略——而這一聊，策略、創意、執行就又全都被推翻，只能靠臨時另起爐灶亂來了。出現這種極端情況，一個重要原因就是思考沒有穩定的體系，工作沒有正確的流程。

有些公司靠工作制度和專門負責工作流程的團隊來捍衛、維護合理的流程，有些公司、團隊則沒有這麼完備的體系。而且，即使是在有制度的情況下，我們也得時刻注意擔任流程的捍衛者，因為很多時候，對這個流程的捍衛，就是對專業精神的堅守，是對我們的創意產出的保護。

不能對那條軌道視而不見。

Part / 2

Brief 裡
最重要的小事

堅持
白紙黑字

創意人員的工作往往是從一紙 brief 開始的。Brief 這個詞，沒做過這一行的人可能聽起來一頭霧水，但凡是入行做文案、創意的人，可能入行第一天要學的就是這個詞。

Brief 通常被翻譯成「工作簡報」，但實際上，我個人覺得，更容易理解的譯名或許應為「工作需求簡述」之類。

「給創意人員下 brief」，「稍後來 brief 你們」，「brief 一個工作給你」，「這是一份列印好的 brief」，「剛才 brief 得很順利」……這都是工作中常常能聽到關於這個詞的用法，從這幾個例句裡也很容易看出，這是一個兼做名詞與動詞，既可以指那份檔，也可以指相關溝通動作與過程的萬能詞語。

實際上，Brief 不該只是一份用於交付的檔，或者一個傳達

指令的過程。Brief 如果指一個工作環節，實際上應該是傳播策略及傳播需求的溝通；如果指的是那份檔，則應該是關於某項具體工作需求的相關共識。

　　通常，創意人員開始介入一項創意工作時，都會先和負責客戶服務及策略的相關人員溝通，聊聊工作的初始需求，以及在策略層面上了解目前的進度，確定已經在哪些層面上有了定論，要從哪一層面開始工作——所謂「哪一層面」，指的就是商業目標、傳播目標、策略 idea、創意 idea、執行 idea 這幾個環節。有時，一個工作開始的時候，一些層面就已經有清楚的結論，但也有可能還是一片空白。如果初步討論之後，已經有了基本的結論，接下來的工作需求和方向也都比較清楚，創意人員便可以開始工作了，大家就能把相關共識記錄整理下來，呈現為大家認可的一份書面的工作需求簡述，也就是所謂的 brief了。

　　原則上，每一項工作的開始，都需要這樣一份書面的 brief 文件。這既是對策略思考的規範，也是為日後的工作產出定下一個檢驗的標準。寫在 brief 上的內容，是對傳播策略思考討論的結果，被確認下來的 brief，就是大家都同意的共識。這恐怕也是為什麼以往的工作流程裡，創意人員接下 brief，需要各方負責人在那份文件上簽字確認，存檔保留。

實際工作中，創意人員不是每一次都能拿到一份書面檔案，很多時候隨口一說，也能啟動一項工作。還有些時候，我們收到的是一張並非標準格式，而是隨意寫下的幾點注意事項，或一份簡要的會議記錄。我見過很多類似的 brief，一張 A4 白紙，上面列印著甚至歪歪扭扭地手寫著客戶說了幾點事項，需要生產出什麼……

用會議記錄來取代 brief 是常見的事。如果有人給你的是這樣的 brief，你最好拒絕。接下這樣一份 brief，是在縱容他們的懶惰，是在允許大家逃避思考。這樣的縱容和允許，是對你自己的工作、對客戶的品牌及業務的不尊重。

那份格式標準、資訊完備的白紙黑字非常重要，這個流程需要努力督促各方堅持。堅持那份書面檔的本質，是堅持開始一項創意工作前，那些不可少的討論、思考和梳理。

答案的
起點

　　策略的產出並不是創意人員的主要任務，但實際工作中，不懂策略，或者不參與策略討論的創意人員，恐怕是不太合格的。每一次 brief 的過程，都是一次策略溝通，無論是在公司內部各部門之間，還是直接與客戶討論。

　　與客戶談策略，跟與公司內部的策略同事一起談，略有不同。

　　與客戶的溝通，可以只是問題的起點。客戶往往不知道答案，他只知道希望解決什麼問題。實際上，客戶也不應該直接給出他的答案。策略溝通時，如果客戶給出問題的同時，也給出了一個現成的答案，你反倒要謹慎一些，未必要直接接受他給出的答案。因為，認真考慮、給出答案，是策略和創意團隊

的職責。我們是要給出答案的人，客戶給的答案只能作為參考。你要提醒他，他說的這些都會參考，會好好思考，看看有沒有更好的解決方案。

　　言聽計從不是我們的使命，乖乖照做不是我們的本分。如果只是負責執行客戶給出來的答案，那麼創意人員存在的意義是什麼？幸好大多數有足夠經驗和智慧的客戶，會非常清楚地認識到這一點，他們知道自己是希望有人能幫忙想出更多新鮮的想法，而不只是跟進自己的思路。在種種會議和討論中，當一個建議產生的時候，他們會非常慎重、非常禮貌。一些不成熟的客戶，才會混淆自己跟廣告策略及創意人員的職責區別。他們不知道自己的某些做法像是進了理髮院，找了收費不低的「髮藝總監」，卻還總是忍不住從「髮藝總監」手裡搶過剪刀，自己在腦袋上亂剪一通。

　　但是，當廣告公司內部的策略人員、客戶服務人員、創意人員聚在一起討論創意 brief 的時候，那已經應該是答案的起點。客戶服務人員和策略人員交給我們的 brief，應該已經是基於客戶的問題給出的解答方案。雖然有可能還不夠清晰完善，或者還有多種方案等待抉擇。

　　我看過一份關於 brief 的培訓檔，裡頭有一句話令我印象深刻，大意是，brief 本應該提供幫助，但大部分的 brief 檔讀起來

都像在求救。

　　只像求救，就是因為沒有認識到那份 brief 的真正使命——它應該是答案的起點。

　　現實中的 brief 也經常這樣，撰寫 brief 的同事有時會放棄探索解答的義務或權利，直接把客戶的問題原封不動地扔給創意人員。這當然是不對的。廣告公司常說客戶服務人員不能只是傳聲筒，但如果拿著一個完全沒有思考過的問題、一堆沒有梳理過的原始資訊，直接扔過來，那確實就是傳聲筒了，因為你確實只是把客戶說的話記在紙上。更可怕的是，有些從業人員連傳聲筒的角色都沒能當好，在傳達過程中會有意無意地遺漏、扭曲資訊，那就更糟了。

　　一份清楚的 brief 應該是一個已經經過策略思考、明確了解方向的創意指導。我們之前談的那些策略思考工作，基本上在接到 brief 之前就應該完成了。

　　可惜，這只是理想狀態。

08

這四種沮喪，請您查收

令人沮喪的是，我們經常看到的 brief 是以下四種。我替它們取了名字——鸚鵡學舌型、罷黜百家型、順理成章型、精神錯亂型。

鸚鵡學舌型的 brief，簡單地說就是除了重複客戶的話，什麼也沒做。除了把客戶說的話，原封不動地寫出來，變成廣告公司的術語之外，沒做任何其他工作。

罷黜百家型就是有人已經做了策略思考，同時還強行給出一個蠻橫的策略方向，甚至是創意方向，接下來，創意 idea 就只能沿著這個非常窄的方向進行，杜絕了任何其他的可能。策略人員連創意 idea 都已經基本想好、確定，直接在 brief 裡把一個創意 idea 偽裝成策略方向，這種情況並不罕見，有時，甚至

是已經無端地指定了一些執行階段才需要確定的細節。

　　順理成章型的 brief 也非常常見。每句話都順流而下，每個環節看起來都非常連貫，但實際上只做了最膚淺的推導，沒有一點讓人驚喜的地方。這種 brief 挑不出什麼毛病，好像都對，但是你會覺得沒意思。就好像寫一部愛情電影，用的是最俗套的劇情，說的是最應該說的台詞，這就是那些放棄思考的人做出來的。

　　客戶說要時尚，他們就寫我們的目標受眾是追求時尚的年輕人，我們的傳播主張就是「我最時尚」，具體需求就是「我們希望用時尚的音樂、時尚的對白、時尚的調性來做一個時尚的品牌……」。太順了，完全沒有經過思考，只是把話順口說出來，說得特別順暢而已。很多看起來能自圓其說的爛廣告，都是這麼做出來的──他們的順理成章，只是順水推舟。

　　精神錯亂型就不用解釋了，想必大家也能理解。這類 brief 有時候真的是每一句都不連貫，完全看不懂裡面的邏輯。明明每個字都認識，但連在一起就是叫人不知道要說什麼；明明能夠挖掘出無數的洞察來，但他就是給你挖一個前言不搭後語的看法。

　　而在策略溝通的過程中，我們還常能聽到一些這樣的話──

「我就是隨便瞎寫的。」
「其實我也不清楚。」
「這是客戶要求的。」
「一直是這樣的。」
「這個不重要。」

這樣的話，寫出來觸目驚心，但在廣告公司卻經常可以聽到。

比如定義目標消費者，很多人會隨手寫一個「18 到 25 歲的男性」之類的，你問他為什麼是 18 到 25 歲，他會特別直接地告訴你：「我隨便寫的，不重要。」你問他怎麼能隨便寫，他就會耍賴，跟你說：「其實我也不清楚。」。你要是還不罷休，他發現這種話也搪塞不過去，就會把第三句拋出來了，說：「這是客戶要求的。」

「這是客戶要求的。」這句話，是很多廣告從業人員的護身符。彷彿掌握了這句話，就能終結一切討論，擊敗所有質疑。這些話放在這裡看，就顯得特別沒道理，特別可笑，但日常工作中，這些話聽起來好像並沒有那麼誇張。我們聽到的時候，往往都是嘆口氣就接受了。不管是說這話的人，還是聽這話的人，嘆口氣，或者開個玩笑嘲諷別人幾句，這件事就過去了。

想清楚這些問題，是廣告從業人員的責任。在這個行業裡，習慣性地說出上面這些話來的人，坦白地說，我是很瞧不起他們的。我會在聽到這種話的時候做出一個判斷：這是個會說出這種話的人，他不僅沒有這一行需要的思考能力、業務能力，也沒有足夠的責任心與基本的職業尊嚴。

在每份 brief 裡，
搞清楚這 8 件小事

我們前面說的是，在策略溝通階段，我們不應該接受的是什麼，那麼，策略溝通階段，我們應該做的是什麼呢？我認為，我們應該弄清楚的是這八件事——

- 目標
- 資訊
- 調性
- 媒體
- 時間
- 預算
- 人群

· 喜好

這八個詞，其實與之前談到的那些關鍵字都有關係，也是一些經典的 brief 範本裡都會涉及的內容。

目標。客戶遇到了什麼問題，才需要做這麼一個廣告？他需要改變什麼東西嗎？這個目的是 brief 中最重要的內容。因為如果客戶能夠清楚地給出，或者我們能夠清楚地理出客戶的目的來，最重要的判斷依據就有了。當客戶有清楚的商業目標，又能說出具體的傳播需求時，就可以幫他檢視傳播目標和傳播策略，然後告訴他，要實現這個目標，怎樣做才是對的，怎樣做才是更好的實現目標的方式。但是，如果客戶不清楚這個目標，或不把這個目標說清楚，或只拋過來一個傳播目標，而不談商業目標，有時候我們就難以判斷——如果我們不清楚他要做什麼，就沒辦法清楚地知道自己該做什麼，最後也很難評斷產出的創意是做對了，還是做錯了。

資訊。資訊就是廣告要傳達的核心資訊，按照前文的說法，核心資訊有可能需要擴充為核心體驗這樣的概念。這是要界定這個廣告裡，我們要向消費者傳達的東西到底是什麼。

調性。此處所講的調性，通常是品牌的調性，是這則廣告需要服從的。如果是大家熟悉的品牌，則也許不必每次都重新

溝通，除非有什麼特殊需求。但如果是一個剛剛接觸的新品牌，就務必要把這件事情弄清楚，不管是看他們以往的品牌檔案，還是看這個品牌以前刊登的廣告。

媒體。有時候我們會為一些已經確定的媒體發想創意，也有一些時候，創意人員可以給出媒體建議。我們前面也提過，如果要針對媒體做匹配的創意，我們的設身處地需要很多具體的資訊支撐。我們要在 brief 階段盡量確定、了解創意內容要刊登的媒體。以往這一部分往往不被重視，但如今媒體的進化與分化，讓這件事變得至關重要。

時間。時間包括期待作品發布的時間、交稿的時間、內部檢視討論（通常叫 review）創意產出的時間、提案的時間等。

預算。預算很重要，因為它相當於為廣告的製作劃定了一個成本的邊界。我們不一定每次都能拿到一個精確的預算，但是知道一個大致的預算額度還是有必要的。這也需要創意人員對創意方案的執行費用、媒體費用有個大致的了解。

人群。就是目標消費者、目標受眾。如何清楚地定義目標人群，前文已經單獨討論過，這裡不再多講。

喜好。指的是客戶表現出來的以上那些因素之外的額外喜好。喜好有可能是客戶直接說出來的，有可能是我們自己觀察到的。比如說他特別樸素，所以不喜歡太時尚，或者說他特別

樸素所以就喜歡特別時尚的，這都有可能。這些可能與創意內容相關的喜好，是應該在 brief 的時候交代給創意人員，不管是出自個人的觀察，還是客戶直接的表示。

這八件小事，是每次 brief 時都應該明確的。如果沒有人主動把這些說清楚，你就要自己去問，去弄明白。你要記得自己問問，什麼時候提案，預算多少錢，媒體確定了還是未定，還是可以有別的建議，客戶有沒有什麼特別不喜歡或者特別喜歡的東西。

弄清楚這些問題是我們的職責。你也許可以靠著多問幾個問題，問出真正重要的資訊，如果問不出來，也該努力尋找材料、認真思考，盡量分析出來。也許嘗試了，也未必能弄清楚，但不嘗試，只是順理成章地接受，一定是不行的。而且，即使聽懂了那些理由，也該分析一下這個理由成立不成立。如果你覺得當中有一些結論是錯誤的，就應該發揮自己的力量，告訴大家你的判斷，去提建議，去談談。儘管現實中很多情況不允許這樣做，但原則上，我們不能只被「這是客戶要求的」這種話給堵回來。

如果不清楚，請你一定要當場跟他們討論甚至辯論清楚。「下 brief」中的「下」，是下發、傳達的意思，是做好了交代給你，你照著做就完了。我當年有位主管就一直說，這個動

詞有很大的問題。他覺得 brief 本身就是那個動詞，不是「下 brief」而是「briefing」。既然是策略溝通，就該是一個相互碰撞的過程，不是別人隨便拿張紙來，給我們一堆草率的結論，我們接著就可以了。他們寫下那些草率的結論是他們不負責，如果接受了那些草率的結論，就是我們的問題。

我們要做正確的事，我們有責任思考，有義務挑戰，有權利拒絕。在討論 brief 的時候，理應有非常實際的討論，甚至爭論。如果一個 brief 沒有人驚訝、沒有人討論，大家很可能是碰到了一個順理成章型 brief。如果策略中的每個細節都沒有讓人覺得「為什麼會是這樣」，那很可能這個選擇是非常平庸的。

我見過一些創意人員，接到 brief 的時候往往沒有任何意見和反饋，但最後交出創意方案時，卻又說認為當初的 brief 是有問題的。這非常不應該。來者不拒、永遠照單全收，不是負責任的工作態度。通情達理不等於得過且過，草率的寬容，不該被任何人視為美德。

除了思考、挑戰、拒絕，我們也別忘了，你更有必要給出自己的建議。而建議，就不能只是破壞性意見，要提建設性意見。

曾經有人拿出一張 brief 來，說客戶要他寫一個文案，麻煩寫出五個不同的方向。我最後給他的建議是，如果要我寫五個

不同的方向，就麻煩你把這五個方向都列出來。如果需要我的團隊配合你做關於這幾個方向的討論，我們也可以配合。但是，讓我胡亂猜測五個方向，實在不應該。如果想推進這個工作，就要把這幾個方向好好思考清楚，或者乾脆先從無數種可能的方向裡選出確定的一個或幾個來，跟客戶溝通一致，再撰寫具體的文案。我們在拒絕錯誤的做法時，最好能指出更正確的做法來，否則，只說我不能接下這份工作，對方可能確實也不知道該怎麼辦，不知道問題出在哪，這當然也不利於工作的推進。

10

為工作
爭取更多時間

　　討論 brief 的時候，還有一個必須討論確認的問題：時限，也就是經常令聞者色變的 deadline。

　　針對這個問題，我的基本立場是，創意人員應該在不影響專案進度的情況下，為每個專案爭取更多的合理工作時間，因為我們產出創意方案、作品的品質，基本上跟所投入的時間成正比。

　　爭取更多的時間，不是為拖延症準備的，不是說可以拖到 deadline 那天再動手工作。如果同事都這麼想，對你連這點信任都沒有，那恐怕也是你的問題。你沒有給他們信心，讓他們知道，你努力推遲 deadline，是希望能花更多時間在這項工作上。無原則地接受所有不合理的 deadline，比如要求你一天之內產出

一個月的工作量，你也隨口答應下來，一定是錯誤的。久而久之，大家都會覺得你做這個東西花不了多久時間，等到你爭取正常的工作時間時，客戶就會覺得你在偷懶、在拖延。

我自己當年做甲方的時候，曾經給人下一個 brief，讓廣告公司的美術人員把一個直版的平面廣告改成橫版。那時候真是不懂，大學剛畢業，工作才兩三個月，我打電話給當時合作的廣告公司，要他們把直版的廣告改成橫版，半個小時以後給我。我覺得直版改橫版半個小時就足夠了——反正就是用軟體拉一下。這個需求當然被駁回了，人家會答應我才怪。如果答應這樣的要求，那還真是他們不專業了。

我私下跟熟悉的工作夥伴常以各種文案「立即可取」自我吹噓，但重大的工作、需要花時間認真考慮的工作，我都會努力多爭取時間。認真地溝通，商定一個合理的、大家都可以接受的工作時間，是應該的。我們應該討論出一個大家都能接受的 deadline 來，而不是強行壓縮用在創意發想上的時間。

對於與 deadline 有關的各種爭論，也該有個理性的認識——對工作時限的「拉鋸」，背後是公司不同部門角色的分工決定的。這是一種「制度安排」。

創意部門最大的責任，就是負責產出的品質，而客戶服務部卻要管時間、管錢、管資源。這兩個部門的利益一直是有衝

突的——分成兩個部門，就是因為它有衝突，所以每個部門都
要嚴格地為自己的利益做鬥爭。各執一詞、尋找平衡，是非常
正常且應該的工作方法。如果哪個創意人員從來不爭取更多的
工作時間，而是所有工作都立即可取，所有的東西都在 30 分鐘
內搞定，恐怕是這個創意人員對創意的品質不夠負責。如果哪
位客戶服務人員每次安排工作時都對工作時間放任自由，大家
說 7 天他就同意 7 天，大家說半個月就半個月，不考慮工作的
進度，也不考慮客戶的資源，那他同樣是不負責任的。

　　這種透過爭執來取得平衡的工作方式是必須存在的，就像
市場上討價還價一樣。討價還價是一個最終達成妥協、達成一
致的過程，最後一定是雙方同意的結果。我們要正確地認識工
作當中的不同意見，尤其是這種具體事務上的不同意見。這種
討價還價不用帶任何情緒，不用有任何不愉快，因為它是非常
正常的工作流程。我們也不用因為這個流程，對某些同事有任
何意見，要認識到這是他們的職責。

　　理想的狀態是雙方都應該盡最大的努力爭取。客戶服務人
員應該為客戶的專案進度負責，盡最大的努力要求創意人員，
讓創意人員在規定的時限內完成每一個步驟的工作；創意人員
應該為捍衛創意產出的水準，給自己留出足夠做出好作品的時
間，盡最大的努力爭取資源與時間。我們應該互相理解對方的

職責，理解對方為何堅持立場。這不該只是某一個人的認識，
而應該是一個團隊、一個公司的共識。

「靈機一動」
不是我們的工作方式

有一個原本是工程師文化裡的 ABC 原則，我覺得在日常的策略溝通裡也應該遵循。

第一點，「ABC」裡的 A，「assume nothing」，拒絕任何假設。策略溝通會決定日後的創意方向和具體方案，不能在最後出現了理解偏差，你才說我以為當時大家都是這麼想的，這就是為什麼那份白紙黑字的 brief 特別重要，必須寫下來。我們必須將大家認為一致的東西寫在那張紙上。更不能假設一些討論前提，不做仔細的分析和推敲。

第二點，B 是「believe nobody」，不相信任何人。我的理解是，不是不要相信同事，而是不要相信人類。

不相信任何一個人，這句話不針對任何具體的人。相信寫

下來的共識、相信數據、相信事實，而不相信任何人的記憶、判斷、猜測。要用程式和工具來彌補人的缺陷，防備那些因為人而可能出現的問題。

第三點，C，「check everything」，檢查確認一切。這當然是因為前兩點。

這三句話聽起來冷酷無情，但卻非常重要。而我在以上三點之外，又加上了一點。

第四點，D，「don't improvise」，不要即興發揮，拒絕現掛。其實，最後一條是我原本公司一條傳承已久的紀律，只不過現在很多人都不記得了。當年，公司給初級人員的一份培訓文件裡，特地談到一條——不能在客戶會議上隨口說出未經深思熟慮及團隊討論的 idea 或解決方案。

為什麼要提出這一條？我的理解是——

首先，即時的反應未必是最佳方案，甚至有可能存在重大的問題。你脫口而出一個 80 分的想法，客戶也許能欣然接受，但是，或許只要再慎重討論一下，大家完全可以給出一個 90 分的方案。80 分的方案被先入為主地認可了，那個 90 分的方案就沒有機會了。而且，即使是一個沒有問題的好方案，也要有恰當的包裝、恰當的展示時機和方式。如果真是個好 idea，晚幾個小時再說，甚至晚拋出來一兩天，通常也不會有任何損失。

　　其次，個人的靈機一動是未經過團隊討論、決策的，個體掌握的資訊未必全面，個人認為沒問題的想法，也許存在重大缺陷，團隊內部的其他人會有其他意見或更多考慮。如果你不是團隊的負責人，就沒有權力給出未經團隊集體確認過的想法和創意，這是非常嚴肅的工作紀律。

　　最後，靈機一動不是我們日常的工作方式，靈機一動的次數多了，會讓客戶及他人對我們的作業方式產生誤解。如果客戶今後每次都要求你靈機一動，現場給出解答，你做得到嗎？如果客戶認為每次你靈機一動就能解決問題，他又為什麼要雇用一個完整的大團隊來服務他？只雇用一個會靈機一動的人是不是就可以了？要讓客戶知道，我們的 idea 都是經由專業團隊分工合作、曠日持久的深思熟慮而產生，不要讓他懷疑這一點。因為我們的工作確實需要專業團隊分工合作、曠日持久的深思熟慮。

　　靈機一動是靠不住的，脫口而出是不專業的。很多人以這種現場發揮為榮，以為是自己的才華，這非常愚蠢。

另外
兩種「即興發揮」

12

此外，還有兩種即興發揮是我們要警惕的。

一種是隨口承諾時間。

假如有一個客戶問單獨來開會的客戶服務人員：「剛才我們的回饋你都聽到了，那麼，你覺得什麼時候能給出新的方案？」正確的回答是什麼？根據之前一些「基本動作」守則，正確的回答應該是：「我會跟相關創意人員確認一下，看最快什麼時候可以，稍後回覆您。」

我曾經讀到近 20 年前的一份廣告公司培訓文件，裡面明明白白地寫著「不許當場承諾客戶交件時間，必須回公司與相關人員確定時間，再另行告知」。

這是正確的，給出時間承諾時要特別慎重，因為我們要說

話算話。答應了，就要負責，就要能確保準時交貨。

另一種即興發揮，是隨口推卸責任，指責、非議同事。

尤其在客戶面前，有很多人錯誤地用這樣的方式去拉攏客戶。這非常低級，非常不應該。不管你有意還是無意，或者只是用開玩笑的語氣把一個工作的問題歸咎到自己團隊裡的任何人，都是不應該的。

這種指責是在破壞團隊的和諧關係，也會讓客戶累積對這個團隊的負面認知。這種隨口一說的結論往往有失偏頗，我們的工作裡，其實很難劃分清楚某一件事的負責人是誰。不理智的客戶聽到這種話，會認為這個組織裡有些人的能力有問題（因為被指責的那位同事），理智一些的客戶聽到後，會覺得這個團隊的合作有問題（因為指責別人的人），這兩種情況都不利於工作開展。

工作中的不同意見乃至正常爭執，跟對外指責同事是兩碼事，那些向客戶抱怨「我們組裡的同事太不可靠了」的人，用這句話證明了自己的工作態度和工作能力是有問題的，也會因而更加得不到客戶或同事的認可與支援，這無疑是自掘墳墓——多觀察觀察，就會發現這種做法有多麼得不償失。這種小聰明，是非常危險的小聰明。很多人都因此付出了巨大的代價，而且最重要的是，這根本換不來真正的真誠與信任。「來說是

非者，必是是非人」，稍有些社會經驗的成年人，恐怕對此都有比較正確的認識。

　　我自己遇過一次這種情況，我們一群同事合作準備一次提案，內部討論的時候，有些同事提過一些不同的意見，我們當時的態度是，這是第一輪提案，之後時間還比較寬裕，可以用目前的想法先跟客戶討論，如果客戶也有類似的考慮，我們可以拿回來再修改、優化，但目前不必過於綁手綁腳。當時大家都同意了這個做法，但和客戶開會時，客戶果然提出了一些意見，正如我們預料到的那樣。這時，我們那位之前提出意見的同事突然興奮起來，亮起嗓門說：「你看！我就跟你們說客戶會有這種意見！你們提的這個肯定不行！你們還不聽！照我說的，改成 ××××，絕對沒問題了！」

　　他不僅擺出了這樣的姿態，還順口說出一個未經創意人員確認的修改方案。我當時還是挺驚訝的，這些話，如果是散會後，大家在回公司的路上一起聊起來，一笑而過，沒有任何問題。但是在客戶面前說出來，就完全是不懂基本的工作紀律，毫無專業姿態可言的表現。

13

破解
黑盒子

在其他夥伴眼裡，創意團隊的創意發想階段恐怕就像一個黑盒子，客戶把一張 brief 扔到這個黑盒子裡，黑盒子就告訴他：「等著吧，三天之後看結果。」三天之後我們拿出來的東西是什麼，他們事先是不知道的，有時候是驚喜，但也很有可能會嚇一跳。

但創意人員不能拿自己當黑盒子，我們得有自己的工作流程和方法。

如果把前文談到的一些概念做一下整理的話，可以理出這樣一個沙漏狀的圖表，來演示我們創意發想的基本邏輯。

上半部分，是策略思考部分，從產品、消費者、競爭品的情況，推出要傳播的核心體驗。核心體驗是我們用來實現商業

目標的關鍵，這個東西很可能已經直接對應著一個策略 idea，我們則基於策略 idea 來發想創意 idea 及執行 idea。

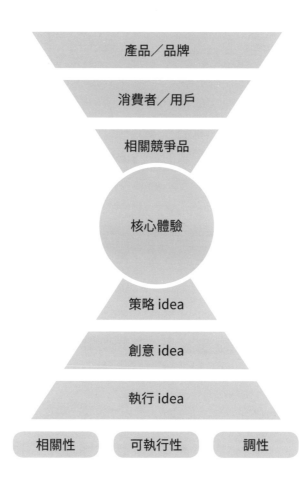

　　這個過程是從上往下推進的，按照箭頭的方向，從策略思考到創意執行。

　　創意發想是策略思考的延續，而不是另起爐灶。所以，開始創意工作之前，請一定要把前面的策略結論弄清楚。

　　你必須沿著這條線向下行進，只不過不一定每次都是從最上層開始。有時候是別人已經把上面的步驟做完了，直接拿著一個核心的傳播資訊、傳播目標來，讓你完成接下來的部分。不顧策略，天馬行空地發想，既不尊重前面那些同事的工作，也很可能南轅北轍，朝錯誤的方向推進。而且，如果完全不看重策略，直接進入創意發想，很有可能會因為錯過策略層面的種種可能，直接陷入執行 idea 層面的努力。

　　策略思考部分，我們看到每一層都是不斷收窄，從寬到窄。因為每一步都是過濾，都是選擇，都是從眾多可能裡選擇一個可能的方式，直到最後聚焦在主要體驗上。

　　接下來，創意發想，則是個從窄變寬的過程。我們又從這個核心體驗開始發散，開始思考怎麼把體驗講清楚。大家可能會想出無數種創意 idea 來，這些 idea 又能衍生出無數種執行方式。

　　事實上，有不少廣告公司的創意工具或流程圖，都畫成了這種沙漏狀，橫過來從沙漏變成了蝴蝶狀的也有。這些工具有

些是為整個傳播活動理清工作思路，有些只是談創意 idea 的產出，但類似的形態背後是一致的思路：先聚焦，再發散。

策略是要基於所有資訊，努力聚焦；創意則要基於聚焦的結果，開始發散。策略思考是鎖定問題，鎖定問題已經在解決問題，是在靠近解決問題的正確路徑，而創意發想則是探索具體解決方案的諸多可能。

在《文案的基本修養》中說過，idea 這個詞本身就該是解決方案的意思。策略思考是慢慢地望聞問切，排除錯誤選項，找到癥結所在，接下來則是嘗試各種藥物和醫療方式，看看什麼藥方能夠解決問題。

很多廣告人都習慣了「倒推策略」的做法，就是因為大家想出了一個非常好玩的想法，從而乾脆為這個創意想法重新編制前面的傳播策略。我非常不贊同這種做法，這基本上相當於為了推銷一種藥而胡編病人的化驗結果。我們如果還把自己當治病救人的醫生，而不是藥品推銷人員，就不要這麼做。

從一到萬，
從萬到一

　　創意發想的一般步驟是發散、選擇、檢驗。我們最後要做出選擇，但先要發散。

　　能解決病症的未必只有一種藥，同一個工作，交給一百個創意人，至少能拿到一百種不同的解決方法。所以，當我們努力產出創意 idea 的時候，總是需要逼著自己發散，想出更多的想法。得出一個清楚的策略結論之後，我們的職責就是基於這個結論，給出能想到的最好的創意表現方式。我們是要把一變成一萬的人，同樣也是要從一萬種可能裡選出我們認為最優的一個或幾個的人。

　　盡量多產出想法是第一步。每次檢驗組裡同事創意發想的時候，我總是先問，大家現在想出來的想法有多少個，有時安

排工作，我也會先跟大家談好至少要想出多少個不同的想法來。並不是我們真需要幾十個想法去設計廣告，而是有時候你不想出這麼多，是不會有令人驚喜的好想法來的。如果每個人只想兩個三個就滿意地停止思考，最後想出來的那兩三個也很可能浪費掉，因為通常大家最先想到的幾個很有可能都是一樣的。

我剛入行的時候，一些前輩對我說過，寫一句文案或者發想一個 idea 的時候，要先「排毒」，得把一開始想到的十幾個甚至幾十個 idea 全都扔掉、放棄，因為那些 idea 很有可能是很差的。先把那些「毒」排出去，然後重新開始，才有可能逼迫自己想出一些跟別人不一樣的東西。

做創作型工作的人，都要對自己狠一點。這個世界上的絕大多數好 idea，恐怕是來自「再多想一些」的努力。

對於一個創意團隊來說，大家做完策略討論，分頭發想，這是發散。在約定的時間一起彙整，每個人都把自己的想法拿出來，一起討論，挑選出大家認為比較好的，這就叫選擇。選擇完之後，我們自己、其他部門的相關同事，乃至客戶，都會根據此前大家一致確認的 brief，再給出他們的選擇和判斷，這就是檢驗。

對每個創意人員來說，這三個步驟同樣存在，先努力發想出盡量多的創意想法，然後從中做出選擇，把其中的一部分拿

出來向同事或夥伴展示，大家一起選擇、檢驗。

在那個沙漏圖裡的最下方，我加了三個以前沒有出現過的方框，這三個方框，一個是相關性，一個是可執行性，一個是調性。

這個步驟，就是「檢驗」。我們的創意產出，在發想出來之後，應該用這三個指標來驗證篩選。篩選它是不是相關，是不是可執行，是不是搭配品牌的調性。這三個都是硬指標，且都源自 brief，一旦違背，絕不可以通過。

檢驗，是要對照當時的 brief 檢驗，也要按照那三個方框裡的標準來檢驗。如果把它看成一道濾網，這道濾網其實不只這三層。像前文提到的，客戶的一些具體喜好，都有可能成為你檢驗的標準之一。這個時候既要靠經驗，又要靠對整個事情的了解程度，以及你自己的判斷標準了。

如果說選擇更多的是主觀上審美的選擇、格調的選擇、創意品質的選擇，那麼檢驗，則應該是一個理性的過程，是一個回歸到策略與商業目標上的評判。選擇是選出好的 idea 或方案，是擇優；檢驗是將不符合要求的方案去掉，是查錯。

需要提醒一下的是，我們現在所說的發想，不是非要一個完整的創意方案、一個獨立的 idea 才算數，具體到寫一句小文案，都有這樣一個過程。理清這個思考邏輯、產出流程，是為

了說明我們更加準確地產出更多、更好的 idea。不管工作的大小，沒有方向地隨便亂想是最要不得的工作方式。

15

How to 與
What if

終於談到最具體的問題了——如何發想 idea？

發想 idea，有兩種路徑，一種叫推演，一種叫窮舉。

簡單地說，推演就是有邏輯地想，窮舉就是沒邏輯地想。

先說推演。

當我們詳細清楚地知道一個問題是個什麼問題，要想出一個解決辦法的時候，腦子裡要解決的是一個以「怎樣才能」（how to）開頭的問題。

How to_____？

怎樣才能 _____？

「怎樣才能」後面要填上的是什麼？橫線上要填的是「Idea
金字塔」上一層的內容。你永遠要思考怎麼回答「Idea 金字塔」
的上一層所提出來的問題、確定下的任務。你發想的是創意
idea，橫線裡填的就該是策略 idea。你的任務是基於創意 idea 發
想執行 idea，那你要填在橫線裡的就是那個創意 idea，要用這個
「how to」的問題逼問自己，努力產出更多的想法。

Idea 金字塔

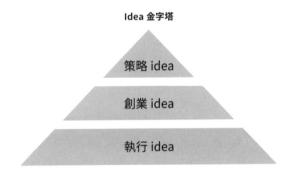

策略 idea

創業 idea

執行 idea

　　假如你是個賣冰淇淋的人，總對目前的收入不滿意，覺得
生意可以更好。考慮再三之後，你覺得每天客人吃的冰淇淋不
夠多，如果能讓那些顧客每人每天多吃一份冰淇淋就好了。那
麼，怎樣才能讓他們多吃一份冰淇淋呢？你覺得問題出在大家
雖然都愛吃冰淇淋，但都覺得不該吃太多，要是每個人都覺得
冰淇淋不光是好吃，而且對他們有很重要的好處，也許就會多

吃一些了。那麼，怎樣才能找到一個他們在乎的好處，讓他們願意多吃冰淇淋呢？要是他們都相信吃冰淇淋能減肥就好了。那麼，又該怎樣才能讓他們相信吃冰淇淋能減肥呢？要是有一群很瘦的人願意作證自己每天都吃好幾份冰淇淋，或者有一群很胖的人，作證自己這麼胖就是因為不愛吃冰淇淋就好了。怎樣才能讓這些胖子說的話更可信呢？或許可以找一些特別樸實又可愛的胖子，對著鏡頭鄭重宣誓。宣誓可能太嚴肅了，怎樣才能讓他們說的話又可信又可愛，讓大家願意聽、願意看呢？要是他們不只是說出來，而是一起跳著舞，把這些話唱出來、演出來就好了。怎樣才能確保他們唱得很好聽呢？或許找位胖胖的歌星擔任領唱就好了……

你看，雖然吃冰淇淋能減肥是胡扯，但剛才這一連串的「怎樣才能」，其實已經為大家演示了到底什麼是推演。

一步一步，有邏輯地解決問題、尋找答案，這樣發想出來的 idea，往往比較禁得起別人的追根究柢。

窮舉則不同。

窮舉的邏輯不是「怎樣才能」，而是「如果……會怎樣？」；不是 how to，而是 what

What if_____ ？

如果 _____ 會怎麼樣？

假如你是另一位賣冰淇淋的人，同樣覺得自己的生意可以更好，考慮再三之後，也覺得如果能讓那些吃冰淇淋的顧客每人每天多吃一份冰淇淋就好了。好，接下來的問題就是怎樣讓顧客每天多吃一份冰淇淋，你開始思考——如果用跑車賣冰淇淋呢？如果明星來幫我推銷呢？如果我們在廣告裡說這個冰淇淋是可以治頭痛的冰淇淋呢？如果我們把冰淇淋和電影結合起來呢？如果為冰淇淋做一個卡通形象呢？如果把冰淇淋送上太空呢？……

我們現在談的是思考的邏輯，剛才這個例子跟真實的發想創意 idea 並不完全一致，但大家應該能看出來這兩種思考方法的不同。「What if」式的發想，其實是先探索各種創意和想法的可能性，用「舊元素新組合」的方法做各種碰撞，看是否能碰出什麼新想法，再拿回來檢驗，看是否能解決問題，是否能滿足 brief 裡的需求。

這種做法的缺點，一是效率較低，因為大多數碰撞可能都是無效的。二是很多 idea 可能會過於異想天開，脫離原來的需求和限制，禁不起推敲。

在我看來，這兩種方法都有可能產出很好的 idea。具體執行時該如何選擇？我個人的建議是：「Idea 金字塔」的上面兩層，策略 idea 和創意 idea，應該盡量用推演的辦法來產出。最下面一

層的執行 idea，則可以優先考慮使用窮舉法。

推演更有可能產生出好的策略 idea 和創意 idea，因為它們更需要匹配之前的思考。而執行 idea，則更需要奇思妙想。

這並不是說窮舉法只適用於執行 idea，當依靠推演得不出好的策略 idea 和創意 idea 時，窮舉法是可以用來救急的。假如有人要我在一個小時內交出 50 個創意 idea（雖然這種要求非常無理），我恐怕就來不及推演了，這時窮舉法便非常適合救急。如果是熟練的性質，有時甚至可以不假思索地大量產出，一小時內冒出幾十個「還能湊數」的想法也並不稀奇。

如果用窮舉法，最後核對總和選擇的過程就非常重要。經常被提及的頭腦風暴，通常就是窮舉式的作業。

推演靠邏輯，靠實實在在地對商業問題、對品牌和產品、對消費者的了解。窮舉則主要靠創意人員的才華或機靈，也可以說，其實是靠閱讀量。窮舉時，不斷地拿舊元素碰撞新組合，誰掌握更多的舊元素，誰能想到更新鮮的碰撞法，就是產出好idea 的關鍵。很多廣告人大量地看各種獲獎廣告作品集，就是為這種碰撞做準備，因為那裡面不光有碰撞的素材，還有別人碰撞的示例，那些都會變成今後窮舉式發想時的素材庫，而且，即使是窮舉、碰撞，也是有相應的工具和方法的。

玩好
你的遊戲

　　我在十二、三歲時讀過一本書，作者是位日本人，講的是如何產出創造性想法。

　　書裡有一個例子，讓我印象非常深刻，那是我第一次意識到創意工具或思考方法的重要性——書裡提出一個問題：你能隨口說出 50 個圓形的東西嗎？

　　我建議大家也試一下，看看你能說出多少，在說到第幾個的時候被卡住，或者速度明顯降下來。很多人說出十幾個，速度就降下來了，因為他們都是沒有頭緒地想，隨機地在腦海中搜索，像是在一個雜亂無章的倉庫裡胡亂翻找。

　　那本書裡的建議是——一定要先設定一條線索。

　　哪怕是胡亂設定，也一定要先設定一條可供你依附、攀緣

的線索。比如說，以自己早上起床開始的動作為線索。我早上醒來，睜眼，哦，眼珠是圓的，起床看看旁邊的鬧鐘，鬧鐘的錶盤是圓的，然後坐起來了，打個哈欠，打哈欠的嘴是圓的，哦，那嗓子眼兒也是圓的。好，我坐起來了，穿拖鞋，那雙拖鞋有印花，上頭的花樣是圓的，然後我去刷牙，杯子口是圓的，然後拿起牙刷，牙刷毛的斷面也是圓的，打開水龍頭，水龍頭的出水口也是圓的……

憑空亂想，恐怕一時也想不到水龍頭出水口或牙刷毛斷面，但是哪怕胡亂給出一個線索，也能想出很多答案。

之前我問過小夥伴這個問題，也有人很聰明，一開始就找到一個線索，比如從自己所處的房間開始找，讓目光從房門開始掃視，也很快就能找到很多。還有人從身體上找，從頭到腳，從衣服到飾品，也能找到不少。

實際上這個過程是什麼？是拒絕想像，是把想像變成了聯想。是不是可以說，這是一種「降維」？將三維世界壓扁的那種降維，俯瞰紙張上爬行的甲蟲那種降維。

此前這些年裡，這個簡單的小招數，幫助過我很多次。而且，更重要的是，這個小招數讓我相信，確實有一些方法和工具，可以幫助我們更有效地產出創意想法。

古龍寫過一套小說叫《七種武器》，而可以用來輔助我們

產出創意想法的工具，我認為可以大致分為 6 種，接下來我們分別談談。

先說前兩種。第一種工具是地圖。

很多幫助發想創意的工具，是像地圖一樣幫你不斷擴展疆域的。每個地域之間都有聯繫，然後不斷擴展。最常見到的是所謂思維導圖之類的東西，這種工具類似剛才所說的推演，它幫助你沿著一條線索，層層推進，想出一些有關聯、有邏輯的東西。前面所說的線索也算是最簡單的地圖類工具。每次從一個圈裡抽出一條線來，都是聯想。而這種環環相扣的聯想，能保證下一個圈跟上一個圈是有關係的。

還有一些更複雜的地圖，是有路線、有方向、連接成網的東西。前文所講的「Idea 金字塔」給出來的各種流程圖，基本上都是地圖型的工具，地圖能幫助理清問題，找到方向。
當你思考的是一個有邏輯的問題時，它就能幫助你讓這個邏輯的線索不中斷；當你發想的是一個創意內容的時候，它能幫助你不斷把聯想延伸下去，而且保持跟起點的關聯。

第二類工具是骰子。

一般的骰子有六面，但我們假設有一個好多面的骰子，比如 50 個面，每一個面上都寫著一種創意的方法或可能，每次要產出一個想法時，就搖搖這個虛擬的骰子，看看出來的是哪個

方法，來碰撞一下要解決的問題，看是否正好能想出一些東西。當然，如果你有兩枚或三枚這種虛擬的骰子就更好了。每次搖骰子，可以把這兩、三枚骰子放一起搖一搖，看看搖出來的結果裡，這兩、三個方法或素材是否就可以碰撞出一些什麼奇怪的新鮮玩法。如果是 50 乘以 50，就有 2500 種可能。而每枚骰子都很可能不只 50 面，隨著閱讀量和經驗越來越豐富，每枚骰子可能都會有幾百個面，甚至更多。

　　每次搖骰子，結果可能會是個驚喜，也可能看起來像是完全不搭軋的胡思亂想，但這種工具就是強行讓你進入完全胡思亂想的狀態。那些骰子能提醒你還有哪些東西是或許可以想想的，還有哪些是你可能根本就想不起來的全新可能、另類組合。骰子是典型的窮舉法工具，用隨機的組合來說明你不斷窮舉。

　　我曾經在一位外籍創意總監底下工作，他分享過他整理出的一個工具，他的說法是「工具箱」，這個工具箱裡有 36 種工具，當時我們翻譯成「三十六計」，他說每個行業的專業人員都該有自己的工具箱，他的工具箱裡就是他認為最好用的 36 種工具，這 36 種工具是可以在你沒有想法的時候拿出來救急的。這是一個典型的窮舉法工具，它列出來 36 個你可以嘗試考慮、比較通用的手法，就像一個 36 面的骰子。你可以試著搖一下，看看搖出來的結果，拿它跟你要解決的問題做碰撞，做組合。

但這個工具跟之前提到的所有窮舉法的工具一樣，都有兩個問題，第一個就是成功率低，像剛才說的，你有可能試了一遍，發現 36 個方法，哪一個都不行。第二個是，我發現用這個工具時，經常是從第一招開始嘗試，而且每次都是從第一招開始想到第五、六個時就不想再往下想了，結果每次都變成了用前幾招來對付。所以，也許找一副真正的骰子還是挺有必要的，這種工具就應該跟骰子配合才對。

　　這個工具後來似乎又升級，我聽說好像是升級成 52 計。多少計都正常，因為是窮舉，就該越多越好。

　　類似的工具還不少，比如還有叫作「九九八十一變」的工具，但基本的思路大同小異，還是用擲骰子的辦法，把常見創意手法和思路列舉出來，讓大家一一嘗試。窮舉法的工具有個通病，就是列舉得不夠多，則成功率很低——如果不是創意三十六計而是創意六計，則顯然很快就會非常單調固化；列舉得太多，又變得過於冗繁，不太好用——試想一下，有個工具叫作「創意三百六十招」會怎樣。

　　更大的問題還是剛才提到的，這種工具基本上只適用於執行 idea 的發想，因為窮舉往往只是手法的組合。

　　將地圖與骰子這兩種工具放在一起，很像是要開始玩一盤大富翁遊戲的樣子。地圖提供方向上的確定性，骰子則帶來過

程中的種種意外驚喜。你也完全可以把這兩種工具結合使用，
玩好你的遊戲。

書的
使用方法

　　第三種工具，是書。這個值得單獨說說。

　　書這個工具有兩種解釋，一種是指平時的閱讀——當然，我們雖然說是書，但其實這類工具裡包括所有的文字材料、影音作品等，甚至是你的人生經驗。

　　這是很多創意人最重要的工具。平時知識的積累，平時的閱讀量，平時對於所有創意作品，也包括其他領域的閱讀，都會成為你的私人礦藏，這些積累會幫助你。你涉獵的東西越多、知道的奇談怪論越多，用來產生新創意的素材原料就越多。有一段時間，我們做了一個跟兒童有關的品牌，大家每天聊的都是你聽說過什麼特別有趣或動人的童年經歷。這時候當然可以打開搜尋引擎，搜索「童年趣事」，或是看看有沒有相關話題，

但臨時去看，總不如早有準備的好。如果其他人都只會臨時搜索，那些早有積累的人就贏在起跑線上了。

做廣告、做創意的人，要隨時做好談論一切的準備。經常遇到別人隨便扔過來一個問題，要我們發表意見，或希望我們談談與此有關的觀點或內容。每一次遇到這種情況，都是一次考試，每一次都是在考察我們的實力，檢閱我們平時的閱讀量。

多年前，曾有一位廣告前輩談過，他認為一個人不到 30 歲，沒談過 10 次以上的戀愛，不曾有過痛不欲生的傷痕，是寫不出好文案、做不出好創意來的。

到底是 30 歲還是 29 歲，到底是談了 8 次還是 12 次戀愛，並不那麼嚴格，這話說的是做廣告的人需要有比較豐富的人生經驗，和比較細膩的感受。以往有很多廣告大師，都是人生經歷比較複雜的，他們之所以最後成為廣告界的一流人物，恐怕原因之一就是在做廣告之前，已經在很多行業摸爬打滾過，是看過世界真實面貌的人，掌握大量的市井智慧，可能只有他們這些「壞孩子」才有足夠豐富的積累，能從周遭世界找出大量真實的洞察來。

好孩子有時很可憐。尤其有時客戶都是壞孩子，但服務他的廣告和創意團隊都是好孩子，就更難辦了。我見過這樣的場景，客戶看著這些好孩子，目光裡完全是壞孩子對好孩子的同

情，甚至有兵遇見秀才那種輕蔑。這樣的情況非常多。

　　所以書這個工具，外延很廣，指的是你以往所有知識和社會經驗的積累。

　　我曾看過一段話，據說是一位印度廣告導演說的：「你花錢買到的不只是我做導演這段時間，而且是我喝過的每一口酒，品過的每一杯咖啡，吃過的每一餐美食，讀過的每一本書，坐過的每一把椅子，談過的每一場戀愛，去過的每一個地方⋯⋯你買的是我全部生命精華轉化成的 30 秒廣告，怎麼會不貴？」

　　這話說得當然豪邁，但那就要求你確實擁有比常人更豐富的閱歷和體驗，是吧？

　　對於書這個工具的另一個解釋，就是要善用真正的書了。你確實需要一些可以為你提供啟發、提供靈感、提供線索的書。這些書，會直接變成你隨時翻閱、為你提供幫助的工具。

　　很多廣告創意人員的桌上都會放著幾本「廣告檔案」、「坎城結案報告」之類的廣告作品集，我覺得這當然好，但光有這些是不夠的。

　　看著廣告想廣告，思路很容易受到侷限，尤其是那些作品集裡大多是所謂「獲獎作品」，而非真實刊登的作品。遠水近渴，兩不相干。

　　我自己的建議是文案桌上應該常備幾本工具書，比如一本

《現代漢語詞典》加一本英語詞典。有時你確實需要一本詞典，但是很多時候不必非把它當成一本詞典，可以將它當成發想創意的工具，這本書就變成了剛才所說的地圖或骰子。你完全可以亂翻詞典，看看上頭有哪些詞語，可以碰撞出新的想法或組合，或者按照字母表、詞序來聯想。

　　除了這些工具書，或許還需要幾本詩集。詩人往往都在做各種關於語言的探索和嘗試。一些優秀的詩人，包括一些好的歌詞作者，都是這方面的高手。放幾本詩集，靈感枯竭的時候翻翻，裡頭那些奇怪的意象、新鮮的詞句，都有可能刺激你。

　　還有幾種書也可以考慮常備案頭，比如很多國外出版社出版過的各種格言妙語詞典等。那裡頭有很多分門別類的有趣觀點、有趣表達，有時很容易啟發不同的思路。

　　有時候還可以自己編一些工具書，比如十多年前我曾經抄錄了一大批豆瓣小組的名字，因為那時候做的一個品牌，需要寫一些特別年輕的句子，那些豆瓣小組的名字幫了我很多，每次有類似的要求，我就會看看那些句式和語氣。

　　有很多書是可以當工具書用的，只是那些書本身未必以工具書甚至書的方式出現。

　　除了以上所說的書的兩種用法，對做創意的人，尤其是寫文案的人來說，讀很多書，是一堂必修課。

孔子說「學而不思則罔，思而不學則殆」。廣告這一行，聰明人多，自以為聰明的人更多，所以，「學而不思」的少，「思而不學」的比比皆是。我看有人引用楊絳的話，說她跟一個年輕人說，「你們年輕人的問題，往往是讀書太少而想得太多」——這也就是「思而不學」的意思了。

　　理想的狀態是，哪個領域的書都要多少讀一些，而某些領域的書，則要讀很多。你應該在某一些小的領域，哪怕是特別偏門的領域，懂很多。你至少得是某個領域的專家。因為成為專家的過程，以及成為專家這個結果，都會對你有幫助。

　　以前很多廣告公司都有內部員工輪流分享的分享會活動，我聽過的，有新加坡同事花了一個半小時向大家分享關於紋身的知識，有一個香港的製片為大家詳細地介紹香港各大黑幫，聽說還有人講過成人片的拍攝內幕。

　　這樣的分享，讓我見到很多有意思的人，讓我知道那些平時並沒有什麼溝通的同事都有著豐富的生活經歷，有自己的愛好。而且，經由他們的分享，很容易看出高下，能看出哪些人在哪些領域是專家，哪些人對於各種細節特別敏銳，哪些人講故事、表達的能力非常強。

　　這樣的分享，這樣的「專家感」，會慢慢構建起別人對你的信賴，而且對實際的工作也常有幫助。曾經有一個同事聊起

他有次跟某國企長官開會，開篇先談的是馬克思當年在《經濟學手稿》裡寫過什麼，再引申到最近的政府工作報告，最後再慢慢引到「您這個廣告得這麼做」——而且，這位同事還是個臺灣人。

　　一個什麼都不愛、什麼都不鑽研、什麼都沒投入過精力的人，確實不太像個好創意人員的樣子。

看廣告當然也是閱讀的一種。說看廣告是做廣告的必修課，也不過分。我認識很多廣告人，都有固定搜尋、觀看全球優秀廣告片的習慣，他們每天在各種國外的廣告網站上搜索，關注各種新作品。我自己對於那些國外的獲獎廣告興趣不大，但對各種電視廣告、電梯廣告，即那些出現在真實世界裡的廣告更有興趣。我會更有興趣關注每天電視上播放什麼樣的廣告，手機上跳出來什麼廣告，看朋友圈裡大家轉發的是什麼東西。

無論是作品集裡的廣告、廣告節上的廣告，還是真正出現在我們身邊環境裡的廣告，關注它們，分析它們，都會有收穫。

你的筆，
你的酒，你的腦

　　第四種工具是筆。筆，是記錄用的。

　　以前我隨身的背包裡都會放一個小筆記本，以便隨時記錄一些東西。那些東西不一定跟廣告有關，可能只是特別零碎、無端的想法。當腦中冒出一些怪想法來的時候，我會努力把這些怪想法都記錄下來，因為我知道這些想法只要留下來，以後都是有可能生根發芽的。

　　我現在的做法是在手機上做這樣的記錄，用類似備忘錄、便利貼這種可以同步的筆記類 APP。這樣的記錄每天都在增加。

　　同時，為工作進行創意發想時，也要努力記下你想到的那些想法。

　　這種情況下的記錄，首先是統計數量，還是那句話，發想

idea，要先努力做到「多」。

數量是質量的基礎，想不好，就要多想。相聲裡說「走不動就跑」，正是這個道理。跑一跑，走就不成問題了。尤其在最開始做這份工作，還不夠熟練，品質也難以保證的時候。一個晚上想出 30 個想法，裡頭有 25 個都很差，只留下 5 個，和一晚上只想出 5 個來，是不一樣的──「不要以為堵槍眼就是無用功」。

那些不夠好的想法，把它寫出來再刪掉，也比不寫出來強。把爛的也記下來、寫出來，哪怕當作排空、當作排除錯誤選項也好──把它扔在那，就不會反覆想它了。寫 slogan，想起一句很爛的話，你也把它先寫出來，下次再想的時候，就可以直接想別的。

而且，我們說發想之後再篩選，而不是在發想的同時做非常嚴苛的篩選，那樣可能會扼殺一些本來有潛力的想法。寫出來，再從中挑選，而不是先篩選，再決定把哪個寫出來，不是在腦子裡篩選。

把篩選這個過程放到紙上，第一是能確保不會錯過任何你當時覺得差，但是其實有可能很好的想法。第二是，你的想法可能在別人眼裡是有價值的，或者對別人是有幫助的。第三則是我剛才提到的，能避免思考的反覆。

第五種工具，叫「酒」。

李白鬥酒詩百篇。李白靠酒，我們未必靠酒，但我們也要有一個類似於酒這樣的東西，因為有的時候我們不僅要讓自己的意識工作，還要讓自己的潛意識工作。激發潛意識的東西有很多，酒就是其中之一。

酒是一種，音樂也可能是一種。此外，也許某些時段、氛圍，也有這個效果。

歐陽修說枕上、廁上、馬上是最容易寫出好詩的三個地方。有人解釋過這個理論，說在這三種情形下，人幾乎呈現一種半催眠狀態——你的腦子若有所思，又若無所思，你在想點什麼，又沒想什麼。

我也有這個感受，我覺得自己靈感最多的時候，是坐在計程車副駕駛座上。自己開車時不行，因為得集中精神開車。而坐在計程車副駕駛位置時，眼前只有那些無意義的、大致上類似的景物反覆出現，它們通過你的眼睛進入大腦，可能自己就在做各種碰撞，若你無意識地亂想，這個時候是最容易冒出一些想法的。因為不斷有外界刺激，那些東西就在你的潛意識裡不斷激盪。這是我自己的經驗。

接下來是最重要的一種工具——它叫「大腦」。所有的工具，歸根究柢，還是要靠人的大腦，具體地說就是你的大腦。

　　剛才所說的一切工具，都是為你的大腦服務的，請大家尊重自己的大腦，尊重它的最好方式，就是把它用起來。

　　創意可以借助工具，但不能依賴工具。真正能產出好創意的不是工具，而是你自己的知識、才華、努力。

批評
與自我批評

19

　　創意發想的過程是不斷地自我激發，也是不斷地自我否定。
請大家一定要記住自我否定這件事。

　　第一，在發想創意的時候，請做足夠的自我否定，這樣才
能留下足夠好的東西。第二，也請做好心理準備──幹我們這
一行，就是每天都要自我否定，以及被別人否定。

　　這是做這一行必然要承受的痛苦，也是你要習慣的常態。
我以前常說，批評和自我批評是我們這一行的主要工作方式，
同伴之間的友誼就是以 idea 層面的互相反駁和互相優化為基礎。
而且，批評與自我批評也是這個行業大多數人實現自我成長的
重要手段。我不認為有哪個創意人員能經常遇見大量的誇獎和
讚美，資歷淺的資歷深的都算上。不能接受這個事情的，還是

趕緊轉行為好。

　　稿子或想法被自己否定、被主管同事否定、被客戶否定，這不是什麼天大的委屈。我們為一個工作想出 100 個 idea 來，想出來的時候我們就知道，最少有 99 個生來就是要被殺死的，你在想出它們的那一刻，就該知道它們是會被殺的。壞的會被殺掉，好的也有可能被殺。這是再正常不過的情況，大家不要懷著一顆玻璃心做創意工作。

　　事實上，你自己想出來 100 個 idea，然後自己先殺掉 90 個，這是每個創意人員身上每天都在發生的事。然後剩下的 10 個，可能會被你的主管殺死 5 個，留下的 5 個再拿去被客戶殺。

　　每一次殺掉原有的 idea，都是「我」與「更好的我」在交戰。我們殺掉那些 idea，是因為我們覺得它們還不夠好，或者還有更好的。每次殺掉一個 idea，就證明你正朝著一個更好的 idea 前進。

　　還有一些人錯誤地認為做創意是靠異想天開吃飯，是靠豐富的想像力，靠奔放的思維吃飯。不是的。

　　相聲表演藝術家侯寶林曾回憶說，當年有好多人帶著自家小孩找到他，跟他說：「你看，我們家孩子跟你學說相聲怎麼樣？這孩子可貧了，天天這嘴都停不下來。」侯寶林說：「相聲不是這樣的。」他說自己每次回憶這事兒都覺得挺痛苦，覺得大家對相聲這個行業有非常大的誤解。

對廣告創意這一行的誤解也是一樣的。我們不靠異想天開工作，也不靠靈感產出創意。

　　沒有靈感很正常。一個完全自由的藝術家可以等有靈感的時候再寫一個，畫一個，沒靈感的時候就閒著，直到靈感來了再創作。廣告人不能這麼做。

　　我們不是藝術家，而是醫生，醫生是解決問題的，不能說今天我沒靈感，你這病再等等。如果你去理髮，理髮師說對不起，我今天不幫你剪，因為我沒靈感，你會有什麼感覺？是不是會覺得這個理髮師有病？我們不靠靈感，靠的是我們的積累，靠的是我們的專業判斷，靠的是我們的經驗和技能。

　　創意發想的過程，是「我」與「更好的我」的永恆之戰。我們就是這麼工作的，我們就是這麼進步的，我們就是這麼產出更好的創意的。

Part 3

身為乙方的
人生修煉：

提案

開會不是
上戰場

我們為什麼要開會討論？開會討論的目的是什麼？

我認為，一個團隊，要開會、討論，只有兩個目的，一個叫作共識，一個叫作進展。

當然，對於個人，開會還有其他作用，比如有一個重要的作用就是讓別人認識你，讓別人看到你在工作上的成績和努力。不得不說是這樣的，你自己工作的時候是什麼樣，大家是看不到的，但是開會的時候大家會看到你的表現。

求得共識、求得進展是開會的真正目的，但偏偏很多人忘了它們。有很多會，我們開完了之後，既沒找到共識，又沒任何進展。

一個會議室裡，很容易看出誰是在努力追尋這兩點的，而

誰是完全沒概念，不知道開會的意義是什麼。

　　我見過一些很可靠的夥伴，當大家都焦頭爛額，理不出頭緒來的時候，他們還在努力地抓住任何可能形成交集的東西，努力促成一個共識。當大家都糊裡糊塗的時候，他們會主動站出來，說大家剛才說的是不是這個意思，是不是這麼回事。他們把個人的認識或總結提出來，把大家模模糊糊的共識，明確地說出來，努力獲得大家的肯定，確定下來，然後再繼續往下推進。他們有時候甚至不管那個東西是不是完美的，或者理想的，只是特別迫切地要把那些階段性的共識確定下來。

　　他們在做的事情，是每一個開會的人都應該做的。每一個人參加任何一次討論都應該記住，開這個會的目的是努力地製造共識，努力地促成進展。

　　有時候，明確一個共識是為了讓大家推翻它——很多共識，不總結出來，大家甚至沒機會看到它的荒謬。總結出來，明確地說出來，才會讓大家意識到它是有問題的。

　　開會不是上戰場，不是拚輸贏，會議室裡的勝利不是哪方的意見壓倒另一方，而是大家達成了共識、取得了進展。只要有共識、有進展，就是與會的所有人的勝利。為什麼要說這一點？因為這一點是你在走進會議室之前就該明白的，你不是去戰勝誰，而是跟大家一起尋找答案，而且，要儘早、儘快地找

到那個答案才對。

我的頭腦，
拒絕風暴

　　現在，做不做廣告的人都知道「brainstorming」這個詞，通常被翻譯為「頭腦風暴」，有時譯作「腦力激盪」，前幾年開始不知為何還被簡稱為「腦暴」，動不動就聽見有人說「來，我們腦暴一下」，我總覺得聽起來特別血腥。

　　我一向十分痛恨頭腦風暴，很多跟我一起工作過的同事都知道這件事。

　　我的痛恨是有理由的──

　　頭腦風暴法，又稱為腦力激盪法，是一種為激發創造力、強化思考力而設計出來的方法。此法是美國 BBDO 廣告公司（天聯廣告公司）創始人亞歷克斯・奧斯本於 1938 年首創。可以由

一個人或一組人進行。參與者圍在一起，隨意將腦中和研討主題有關的見解提出來，再將大家的見解重新分類整理。在整個過程中，無論提出的意見和見解多麼可笑、荒謬，其他人都不得打斷和批評，從而產生很多的新觀點和問題解決方法。

　　這是維基百科上對頭腦風暴的標準定義。頭腦風暴的創始人制定了一個非常嚴密的規則，它是個工具，而不只是一個說法。頭腦風暴有嚴格的步驟和詳細的規則。不過，現在已經沒什麼人按規則使用它了，也就是說，我們通常所說的頭腦風暴，根本就不是頭腦風暴。我們是非常隨意地，大家在一塊瞎聊天而已。這根本不符合頭腦風暴的標準，不是大家坐在一塊胡說八道就叫頭腦風暴。

　　而且，即使符合標準，它也是有問題的。

　　2012 年 1 月 30 日，《紐約客》雜誌上登出一篇關於頭腦風暴的文章，叫作〈Groupthink：The brainstorming myth〉，作者是 Jonah Lehrer。我認認真真地讀了一遍，還挺長的，看完之後把我高興壞了。因為我頭腦中的想法，終於有人給出一些支持和論證。比如，這篇文章裡的這一段話——

The underlying assumption of brainstorming is that if

people are scared of saying the wrong thing, they'll end up saying nothing at all. The appeal of this idea is obvious: it's always nice to be saturated in positive feedback. Typically, participants leave a brainstorming session proud of their contribution. The whiteboard has been filled with free associations. Brainstorming seems like an ideal technique, a feel-good way to boost productivity. But there is a problem with brainstorming. It doesn't work.

大意是説，頭腦風暴這個辦法，背後其實有一個假想，它的理論依據是人們會因為害怕説出錯誤的想法而導致根本就不説了，頭腦風暴的本意就是鼓勵人們把不敢説的想法説出來，甚至是把那些被認為很傻的想法全都説出來，所以要求成員互相之間只能表揚，不能批評。不管別人説得多傻，你都要鼓勵，不許互相批評。每個人都盡情地發散，説出所有想到的東西。

典型的頭腦風暴就是在結束之後，每個參與者都覺得自己非常驕傲地貢獻了很多好想法。頭腦風暴看起來像是一種非常理想的技術，一種讓生產力爆發，讓大家感覺良好的方法。但頭腦風暴有一個致命的問題，就是從來都不管用。

也是這篇文章裡，還有一段說——

Keith Sawyer, a psychologist at Washington University, has summarized the science: "Decades of research have consistently shown that brainstorming groups think of far fewer ideas than the same number of people who work alone and later pool their ideas."

這段話大意是說，華盛頓大學的一個心理學家基斯·索耶總結了研究出來的結果，幾十年的研究持續不斷地證明頭腦風暴這種集體思考法比起同樣的人分別去想，然後再把這些想法說出來，產出的 idea 少多了。

我想參加過頭腦風暴的人應該都可以理解這件事。如果同樣一個小時的時間，每個人可以產出 5 個 idea 來，那麼，有 10 個人的話，一個小時之後我們就有了 50 個 idea。而如果把這 10 個人放在一起，他們一個小時有可能產出 50 個 idea 來嗎？算下來大約一分鐘一個，有可能嗎？根本不可能。咱們先說數量，然後說品質。頭腦風暴的最大原則，就是互相不批評，有什麼算什麼全都寫上。這要是一群小朋友，大家做個遊戲也就罷了，在要產出高品質 idea 的創意團隊裡，頭腦風暴不是一個好辦法。

維基百科的頁面上，最後的總結部分，也是這麼說的——

　　頭腦風暴對小組交流而言是一種很普遍的方式，可能它不為創意結果提供明顯的益處，但它卻是參與者樂於接受的一種有趣形式。

　　我覺得這個總結說得很清楚。

　　如果說得直白一點，頭腦風暴，往往是用來推卸責任的。每個人都想偷懶的時候，大家來頭腦風暴就好了。這種所謂頭腦風暴，是每個人都指望從別人的討論裡得到一些靈感，但實際上大家在互相指望。三個和尚沒水吃，十個和尚就更難辦，尤其是沒有明確規則、非有序組織的頭腦風暴，那不叫頭腦風暴。

　　可以再告訴大家一個小發現——如果我們參加一個會議，提出了一堆想法或方案，到了該做選擇的時候，有人（通常是主管）說，來，大家舉手投個票吧——他在做什麼？他也在推卸責任，他在推卸本來應該由他來承擔、做出決策的責任。

22 如何開一個 失敗的會

一個創意團隊的內部討論，應該實現哪些功能？我認為是以下五個。

第一是澄清疑問。尤其是在工作剛開始的前半段，一定是有問題就問。

第二是分享材料。分享材料就是把你知道的故事、你想到的想法、你找到跟話題有關的東西拿出來，與團隊共用。

第三是聚焦思路。聚焦思路是確認共識的部分，即前文説到的，對於方向或 idea 的共識。

第四是相互啟發。相互啟發可以基於材料，也可以基於各自既有的想法。

第五是檢驗想法。這是頭腦風暴完全不具備的功能。檢驗

想法靠什麼？就是靠互相審視、互相批評。

通常我們看到的低效討論，則大多數有以下一些特徵：

第一，那些討論經常不是準時開始的。不準時是一個團隊散漫的重要標誌。

第二，參與討論的人經常準備不充分。尤其是頭腦風暴這種模式，當被通知下午 3 點要參加一場頭腦風暴時，大部分人在 3 點之前一點都不會提前思考要探討的課題。因為大家都會等著 3 點再說，反正是要大家一起即興發揮，一同「腦暴」。

第三，不積極參與。創意討論經常會有好多人參與，因為不少人誤以為頭腦風暴就該群策群力，參與的人越多越有可能產出好想法，因為「集思廣益」，所以就讓討論不斷擴大。事實上，如果非要頭腦風暴的話，我認為三到四個有一定創意經驗和對課題充分了解的人就足夠了。3 個人的頭腦風暴，遠比 15 個人的頭腦風暴效率要高。人多的結果就是大多數人不能積極參與，20 個人開會，1 個人說話，就有 19 個人閒著，他們也只能閒著，而且還只能聽著，他的思路不應該跑到別的地方去，必須把注意力集中到說話者的思路上才對。就好比一個搜救隊有 20 名隊員，你現在卻讓這 20 個人沿著一條大馬路一起前進——這 20 名搜救隊員本來可以沿著 20 條路線同時搜索，或者至少分成七、八個小隊，沿著七、八個方向同時工作的。

　　也有一些職等較低的年輕人，不知道開會時積極參與的重要性。他們經常覺得開會就是聽一群資深的人說話，自己好好聽著就行。這麼想是不應該的。一位廣告公司的高階管理人員曾經跟我說起，公司裡的年輕人成長怎樣、能力如何，雖然無法特別細微地去了解，但很多時候，一起開幾次會，也就知道了。有些年輕人一年前一起開會，看他的眼神是完全聽不懂、不在狀態、不投入的樣子，一年後再看，還是那樣——不是所有年輕人都是這樣的。

　　我覺得他說的很有道理。事不關己的眼神，和努力想產出好主意的眼神，是完全不一樣的。不信大家可以觀察一下，一起開會時，同一會議室裡的其他人，誰是認真開會，誰是裝模作樣，甚至連裝模作樣都懶得裝，非常容易分辨的。

　　第四，不規定流程。不規定流程，完全漫無目的、天馬行空地討論，就可能缺失很多重要的過程：可能會缺少評估的過程，缺少大家互相了解對方想法的過程，缺少統一標準的過程。在開會前先想好這個會該怎麼開，是會議組織者的責任。

　　第五，不設時限。討論起來沒完沒了，大家也不知道什麼時候要產出東西，不知道什麼時候要結束這個討論，這是很可怕的。很多討論因為沒有時限，變得冗長。有一個時限，能減少很多無意義的加班。規定時限不僅會讓大家更密集地產出想

法，也會讓大家心裡對散會回家有個確定的期待，而不是在公司的會議室裡耗著，每時每刻都在盤算何時才能回家休息，或者一遍遍地發訊息給女友說：「抱歉，看樣子還得等一兩個小時。」

更可怕的是，經常有一些並不怎麼可靠的創意方案，因為「已經這麼晚了」而被草率地確定下來。「這句話我覺得不太好，但是已經深夜 1 點半了，所以，那就還挺好的」這種話，大家經常當笑話來說，但實際上大家都知道，這是不應該發生的。

第六，不充分辯論。這也是常見情況。不充分辯論，通常是因為作業標準太低，大家都得過且過，很多想法糊裡糊塗地就被通過了。再有就是頭腦風暴的程式和原則，經常被錯誤地執行。我參加過一些頭腦風暴，常有人以執法者的身分出現，出來告誡同伴：不要批評別人的想法，頭腦風暴就是不許批評別人。於是就變成了大家不做辯論，只是盡情傾吐，說出和聽到這些想法的人都沒辦法從大家的回饋、批評裡糾正方向、不斷優化，而是泥沙俱下，亂七八糟。一些甲方乙方、高層低層一起參加的 workshop（工作坊）裡，這種情況就更加明顯。有人自以為知道頭腦風暴的原始規則，所以不反駁、不辯論。有人因為大家互相不熟悉，礙於面子，而不充分辯論。工作職等比較低的，不敢跟職等高的人辯論；職等高的人，因為要顯得

自己很民主、很大度，也不會跟職等低的人辯論。很多東西就這麼糊裡糊塗地進入候選名單，最後再來個糊裡糊塗的投票，就定下來了。

這不是人的問題，而是討論方式的問題。很多在三、四個人的討論裡直言不諱的反駁和辯論，在十幾二十個人同時參與的討論裡，是不會被說出口的。我相信大家都能理解這種情況，而這就是一些工作討論中經常會出現的問題。

以上幾個特徵，足以引發、構成一場徹底失敗、低效的討論。

這些問題會導致哪些後果？就是剛才提到的那些——懶散等待、即興胡說、濫竽充數、天馬行空、無端加班、草率定論、和氣生災。

如何開一個
實際上很失敗，
但看起來很成功的會

　　曾有一些專家在頭腦風暴機制的基礎之上加以改良，提出一些新的開會方式。比如大家都意識到頭腦風暴裡最欠缺的就是評估和篩選的過程，這部分要加以優化，於是就加入了各種補救措施。

　　其實，原始的頭腦風暴規則裡也曾提到，在頭腦風暴之後，要有具備評判能力的人，對大家發想出來的東西，做嚴格的評判。發想從寬，篩選從嚴。

　　可惜，日常工作中的各種頭腦風暴，甚至是一些以頭腦風暴為主要工作方式的 workshop，經常缺乏足夠的評判篩選，而是經過簡單的投票，就草率地當場定論。

　　但不得不說，這種集中討論、投票決定，是最快得出一致

結論的辦法。把大家拉到一間會議室，用一天的時間集中討論，既顯得討論特別熱烈全面，又顯得決策過程特別民主科學，而且，誰也無法反駁自己參與的討論、自己投票得出的結果。

這樣當場定一個結論，比一次又一次地反覆提案、推翻重來，確實省力、省時多了，所以開完這種會，大家往往都很高興，認為終於集中所有人的智慧，確定了一個清楚的共識。

實際上，這樣的共識，經常太過草率了。

有時候，一天甚至半天的時間並不足以深入了解、討論、決定一些問題，尤其是大家的知識能力背景和水準都不相同的情況下。為了顯得積極活躍而七嘴八舌，更容易把本該深入專一的討論變得東拉西扯、膚淺荒謬。

評判創意方案時，一人一票更是完全不合理的做法。做不到每個人都掌握足夠的資訊，評判的能力也各不相同，但大家的票數權重卻是一樣的，一人一票，一個總經理的堅持拗不過三個實習生的喜歡。這很可怕。

但通常大家又不得不尊重這種看來「平等民主」的投票，沒有人可以說「雖然這個方案票數很高，但你看所有票都是實習生投的，所以投票作廢」——當然不能。

不是說實習生一定是錯的，但是他們掌握的資訊材料經常是不完全的，他們的知識儲備也未必足夠，所以他們的評判能

力有時確實是不足的。

　　我曾經在一些書裡讀到，作家老舍在 20 世紀五、六十年代時，有段時間創作的流程是：寫好一個劇本，先油印一批，發給眾多工廠，由各廠集合本廠工人開會研讀討論，大家七嘴八舌地提意見，說應該怎麼修改，記下來，彙整交給老舍，老舍再按照工人階級的想法修改……後來的事情，大家就都知道了。

　　創作不能「民主」，更與「一人一票」無關。

24

開會開得好，
下班下得早

　　高效的創意討論，應該是這樣的：準時開始、充分準備、
人人活躍、話題聚焦、高效守時、互為鏡鑑、開誠布公。

　　我們前面提到，創意發想的基礎邏輯往往是一個「發散
——聚焦——發散」的沙漏形流程。而具體到現在談的這個發
想、討論階段，比較高效的具體工作流程，卻是一個「統一
——分散——統一」的紡錘形——集中討論，各自發想，彙整
檢驗。

　　統一思路之後，大家分頭發想出各種 idea 來，再在約定好
的時間，直接拿著各自的想法，即已經發散且篩選過一遍的想
法，一起溝通，大家互相檢驗，互相激發。已經成型的想法可
能刺激出更好的想法，每個人都要說自己的想法，每個人都可

以對別人的想法發表意見，提出批評。

　　如果你拿來的是已經相對成熟的想法，就不會出現特別低效、發散的討論，很多問題你可能早就思考過了，當別人提出反駁意見時，你可能早有答案。

　　討論想法時，雖然是要鼓勵批評與自我批評，但這不代表我們要用負面的方式溝通。有句話說：「批判性的意見，也要建設性地提出。」我有幸遇過一些很好的同事、主管，他們經常從一些看起來已經爛得無可救藥的想法裡，發掘出很好的亮點來，而經他們發掘提點之後，我才會發現那些想法確實可以挽救。一個團隊裡如果有一兩位這種善於起死回生、變廢為寶的「創意拾荒者」，實在是團隊之大幸。

　　這需要獨到的眼光和豐富的經驗，但更重要的，還是不放棄任何一個想法的習慣、意念。

　　建設性的意見，會更加有效地達成共識和進展。我們剛才也說，開會討論的目的，就是用各種方式找到共識、實現進展。進展是靠共識推進的，共識卻有可能是靠矛盾來達成的。

　　而努力尋求共識和進展，還有一個最現實的目的，就是讓會議快點結束。

　　我們都討厭開會，這沒有任何問題，我們理應討厭開會。但如果開會時，大家不朝著共識和進展努力，這個會開起來就

沒完沒了。大家開過很多沒完沒了的會，也可以看看、想想，那些會為什麼沒完沒了。工作中，更可怕的情形是很多人特別開心地開那些沒完沒了、毫無意義的會，且認為這就是工作的重要組成部分，工作就該這樣，這就更有問題了。

開會開得好，下班下得早。為了早早散會，請好好開會。

還有一點細節需要提醒：內部討論 idea 時，文案人員要記好筆記。理論上，文案有必要把每個 idea 都簡要地記錄下來，以便總結檢視時有所依據、沒有遺漏。你可以記錄得很扼要，哪怕只有你自己看得懂，但一定要記，因為最後將這些被挑選出來的 idea 整理成文的工作，大多數是由文案人員來做，那時候你若讓與會人員再說一遍，是不現實的。

這個工作我自己也沒做好，因為我後來經常想，如果我從進入廣告公司的第一天起，就一直堅持用同樣大小、同樣格式的本子，清清楚楚地記錄這些討論，那麼這十幾年的筆記放在一起，就成了非常有意思的大寶庫。有些年，我常常用廢棄的 A4 紙反面做記錄，一來是覺得那些單面列印的紙不該浪費，二來也是純粹圖方便，但這就導致好多東西都難以收集存檔。

我不太建議用手機或者電腦記筆記，尤其是與其他團隊或客戶一起討論時。會議中，有人不與旁人交流，而一直用手機或電腦打字，是會影響旁人感受及情緒的。如果非要如此，就

需注意仍要維持一定的目光及語言交流，或明確讓與會者知道你是在做記錄工作。

25

別把辛苦，
誤認為努力

說一些題外話。

我總鼓勵自己團隊裡的成員學會偷懶，甚至還專門就這件事做過一份檔與大家分享，分享的主題就叫「如何正確地偷懶」。偷懶不是懶惰。懶惰是努力減少工作，偷懶是努力減少投入在工作上的時間。想正確地偷懶，要付出很多思考和努力，並不容易。

剛才我們提到，好好開會，是為了早點散會。這個「好好開會」，就是為偷懶而做出的一種努力。要早點散會，就要好好開會。想早早下班，就要好好上班。

我個人認為，二十幾歲的年輕人，晚上及週末、假期都應該用來談戀愛、看舞台劇、聽演唱會、喝酒、交朋友、四處閒

逛，至少也要是讀書、看電影、去鑽研自己的愛好。年紀大些有了家庭的人，也該早點回家吃頓飽飯、陪陪家人、逗逗孩子、養養精神。反正，誰也不該每天晚上都愁眉苦臉地悶在公司的會議室裡，或承受辛苦，或假裝勤奮。

用辛苦冒充勤奮的人挺多的。

我見識過一些每天下午才揹著背包走進公司，然後與同伴閒聊到晚上七、八點鐘，才開始招呼大家一起開會「聊聊 idea」，直到凌晨兩、三點鐘還不回家，拉著同事們在公司會議室裡繼續忍著瞌睡東拉西扯的廣告人。那是廣告人應該的樣子嗎？我不覺得。

我見過真正勤奮的廣告人，他們不是這樣的。

很多人以為進了廣告這一行，就注定每天都要陷入馬拉松式漫無止境的艱苦鏖戰，注定每天都要披星戴月廢寢忘食，甚至鞠躬盡瘁嘔心瀝血。我不那麼認為。我甚至認為，很多廣告從業者出於各種原因，不斷添油加醋地描摹、賣弄、炫耀這種「辛苦」，讓團隊內的夥伴、想加入或剛加入這個行業的年輕人，以及業界、大眾都認為這是廣告人每天工作的常態，是非常不應該的。

我們需要時刻反省自己的作業方法，調整自己的工作投入和產出效率。

前幾年，有一支日本的電視廣告，主題是「人生不是一場馬拉松」。我很喜歡那支片子，一是因為片子本身很好，在不同層級上都有好的 idea，執行得也很棒；二是因為我有個相似的看法——廣告也不是馬拉松。

很多做廣告做創意的同行，自己每天都告訴客戶，要做不一樣的事情，要做有創意的產出。但實際上，我們有時也把自己做成了隨著千萬人朝著同一個方向奔跑的那個人。

廣告不是馬拉松，不是所有的人都在同一個方向上，用同樣的步伐努力奔跑，看誰跑得更賣力、更辛苦，誰能堅持，到達同一個終點。

在我眼裡，廣告這個行業的遊戲規則不是這樣的。我眼裡的廣告，可能更像是一個看誰先找到正確路線的遊戲。

大家可能是從同一個起點或者從不同的起點出發，但比的不是在同一條道路上誰跑得更好，而是比誰能更快地找到那條正確的路，找到抵達正確終點，最快、最有效的路徑。那個終點就是別人交給我們的任務，是廣告要去實現的目的。我們的任務是找到路徑率先抵達，這可不是馬拉松的賽制。

如果一個人做廣告做得特別辛苦、特別賣力，又覺得自己特別沒有產出、沒有成績，可能就應該反省一下，是不是你無意間跑到隔壁馬拉松的隊伍裡頭去了。

當你已經陷入了馬拉松式的工作時，或許應該抬起頭來看看，是不是你對賽制的理解有誤？真的只有這一種賽制規則嗎？不要把辛苦誤認為是努力。

辛苦，有時反倒是因為不夠努力。

不夠努力，才導致你沒有辦法盡快把事情做正確，沒有辦法讓自己也幫助同事盡快找到正確的方向。我們參加的明明是一場 1500 公尺的比賽，往往是由於根本沒有找到正確的賽道，所以只好一直跑，硬是把 1500 公尺跑成了馬拉松。

對於個人，把 1500 公尺跑成馬拉松，直接造成了很多不必要的辛苦。對於團隊、公司、客戶，這也完全是時間和人力的浪費。一家公司或一個團隊，也應該鼓勵勤奮，而絕不該提倡辛苦。

我很討厭做廣告的人用「廣告狗」這種稱呼來自輕自賤。如果你真覺得你的工作狀態變成了「狗」，如果你真覺得自己每天在跑馬拉松，那麼，請務必好好想想，你所處的工作環境，或者你自己的工作方法，是不是哪裡出了什麼問題。

2006 年，在決定要進入廣告行業之前，我跟打算介紹我進廣告公司工作的前輩吃了一頓飯，他為我介紹了這個行業的情況，然後問我，你有什麼問題嗎？

我說：「能不能告訴我，要進入這一行，做個好的創意工

作者，最重要的一點是什麼？或者說，你覺得你是在哪一點上，做得比別人好，才成為比別人更出色的創意總監？」

他想了想，說：「快。我總能比別人更快地看清狀況，更快地找到答案，更快地做出符合標準甚至超出標準的東西。這讓我做這一行做得既比別人輕鬆，也比別人好，否則我不會在這個行業做這麼多年的。」

他的這番話，我一直記著，後來這些年，也經常想起。天下武功，唯快不破，但要做到快，卻不簡單。這需要掌握正確的工作方法，清楚地了解該怎麼應對每一項工作，才能用最短的時間做出正確的判斷，減少無效的時間和精力投入，減少那些不必要的辛苦和艱難——寫在《文案的基本修養》和這本書裡的大部分內容，都是為實現這一目標而努力的產物。

其實，連馬拉松也不是誰跑得最辛苦誰就能得金牌的。馬拉松，也是先跑完全程的人獲勝，不是嗎？

你可以試試，每天坐到辦公座位上的時候都先提醒自己一下——今天，也要為了早早下班而好好上班。

原來
你是總導演

題外話講完,接著說後續的工作流程。

會開完了,架吵完了,此時,你總算和大家一起確定了一個共識。你剛聽過大家的討論,可能記下了一些筆記,裡頭是大家談出來的 idea,以及對這個 idea 接下來要做的一些修改的提示,現在,你倒上一杯水,坐在電腦前,調整一個舒服的姿勢,把手放在鍵盤上,開始撰寫一個廣告創意的腳本或闡述——終於可以開始了。

在整個作業流程裡,這一步是每個文案人員最自由的一段時間。只有這段時間,是你自己掌控一切。這是難得的自由,也是巨大的挑戰,因為這段時間,你是無依無靠的,而你負責產出的東西,卻是對之前所有討論的總結,責任重大。

這時你要怎麼做？

你要做的是以下四件事：核對 brief，執行共識，彌補缺漏，潤色優化。

第一件是核對 brief。很多時候，大家聊出來的 idea 會忽略 brief 裡的一些細節。不管你手裡是一個爛想法，還是一個天才好想法，當你要把它落實為一份提案檔的時候，請一定要拿著大家的討論結果，跟起初的 brief 認真核對一遍。如果發現任何疏忽或矛盾，你有義務提出來，而不能在撰寫完畢，甚至提案時，再跟大家說：「其實我們當時討論出來的結果忘了考慮 brief 裡的某一點。」你不能稀裡糊塗地寫出一個明明有問題的東西，而應該獨自核對 brief 上的一切需求和限制。

第二件是執行共識。執行共識的意思就是不能把之前討論確認的共識扔掉，不能閉門造車，以你個人的想法替換大家的決定。討論中，你可以不認同別人的想法，但執行時，不管你是否認同，都請遵照大家業已形成的共識來撰寫方案。這不是只在你資歷尚淺時才要面對的問題。在工作生涯的任何階段，都需要尊重團隊的共識，所以，請一定記住，如果確實是被確認的共識，是一個你在討論時沒有反駁成功的東西，那麼就請你接受它，請按照大家的結論，把它執行出來，而不是移花接木，隨意變更。

第三件是彌補缺漏。這往往是最難辦的。因為很多時候討論是不完整的，大家討論的時候並不能把所有細節都檢討完備，有時候不同人的意見還有些細節上的不同，很多具體的細節，需要在撰寫階段確定。這個時候，你就是負責完整清晰地理清相關 idea 的邏輯，查漏補缺，完整地呈現一個作品的人。

　　一個 idea，或是一個腳本，一句文案，凡是經過你的手，你就必須對它負責，因為你是文案。

　　彌補缺漏之後，還有一件工作叫潤色優化。我們尊重共識，但如果你覺得那個共識還不夠好，是可以透過一些細節上的加分來提升它的水準的。你不是必須嚴格地一個字一個字記錄，如果時間允許，你完全可以多寫一些。多寫的意思是，你要確保很好地產出了之前大家討論出有共識的版本，然後，也許你可以給出額外的、你認為更優的選擇。寫出一個不一樣的版本，給大家多一個選擇，我想沒有任何人會反對你這樣做。

　　創作出好作品來的慾望是很重要的。永遠想產出更好的創意、更好的廣告、更好的文案，這種熱情，並不是每個從業者都有。很多人錯以為自己有這種熱情，但事到臨頭，你就會發現他們的這種熱情只是說說而已。他們當然也希望自己產出更好的作品，但卻並不捨得為此付出相匹配的堅持與努力。

　　三谷幸喜的電影作品《廣播放送時》（台灣金馬觀摩展譯

名）裡有一位在廣播電台工作的專業編劇老師，一直是我用來激勵自己的偶像人物——他每天的主要工作內容是旁人看來沒什麼價值的髒活累活，但他仍然在接到一項工作時抑制不住地產生「再加一點戲」或「做得更好些」的慾望。哪怕是把那些髒活累活做得更精彩一點點，他也會非常開心。在那部電影裡，他是經常忍不住為作品「加戲」的那個人，似乎總覺得為一個作品加點戲，它就會變得更好一些。他從來不嫌費事，因為他就是那種有創作的慾望、能從創作中獲得快感的人。對於做我們這行的人來說，這個品質，是非常珍貴，甚至必不可少的。

一位只會讀劇本的演員不是好演員。我以前上過一門編劇課，編劇老師說，演員的任務不是演出劇本上寫出來的那些台詞，而是演出那些字縫之間的潛台詞。演員演的是台詞裡沒有寫出來的東西。如果一個劇本只寫著——XXX 說「那我走了」，然後流下淚來。演員真正要演的恰恰是那句話、那個動作背後蘊藏的、沒有被寫出來的部分。

我們的工作，有時與此類似。當你把一個還欠缺很多細節的 idea 寫下來、落實為廣告作品的時候，也要努力用自己的筆，讓它變得更豐滿、更完美。

這個過程是屬於你的，託付於你，聽憑於你。你是那個做主的人，不論之前大家的討論是花團錦簇還是捉襟見肘，時間

到了，你就必須坐在電腦前，把它寫下來，寫成一個完整的、可以自圓其說的方案。你得努力嘗試把大家的想法黏合在一起，彌補漏洞，再粉刷光亮。這個環節裡，你就是負責一切的總導演。

　　既然是導演（日語裡叫「監督」，或許理解起來更準確些），就要對作品的整體負責——把共識落到紙上、落到檔上，看起來是個細節工作，實際上反倒是每個細節都要基於通盤的考慮。做好這件事情的前提，是要對手中的工作有個清楚的、完整的、正確的認識。我常對團隊裡的年輕人說「想明白，才能寫明白」，就是這個意思。

　　如果對手中做的工作沒有一個清楚的認識，你我只能一遍一遍地嘗試，而且每一遍嘗試都是在碰運氣，因為你根本不知道正確的方向在哪。不想明白，你也根本不可能判斷自己寫下的某一句文案、某一個詞語，是正確還是錯誤。因為你根本不知道標準在哪。

　　很多細節上的問題，其實背後反映出來的是沒有正確的認識和有邏輯的思考。Logo 該大點還是小點？標題文案應該長點還是短點？某個語氣是否合適？分段該怎麼分？產品圖要不要放？很多這些細節沒做明白，都是因為沒有想明白。想明白，就是想明白之前探討的那些策略跟共識。想明白，就是把是非、

標準理清楚。想明白，才能確保你努力的方向是對的，才能在所有細節上都做出明智的決定。

　　你最後呈現給同事、客戶的東西，得是完整、清楚的。不僅是內容，也包括格式與細節。

　　如果你是寫一張平面廣告或海報上的文案，最好把哪些文字該大一些，哪些文字該小一些，都加以說明，那些字的相對位置關係是怎樣的，誰在上誰在下，也最好考慮清楚。這個格式會影響閱讀的順序，也跟你那些文案的邏輯有關。

　　如果你是寫一個影片廣告的腳本，最好用空行、分段、加粗等方式，把你的影片段落標示清楚。對話或旁白為主的片子，也許可以試著把對話或旁白部分加粗或換個顏色，以免淹沒在交代文字裡難以閱讀。

　　如果寫的是一段宣言，請一定要非常謹慎地分段、分行。請學著用好標點符號，包括頓號、分號、省略號。因為這些都會影響讀者閱讀時的節奏。

　　這些東西，不能只憑審美判斷。比廣告的審美觀更重要的是廣告的是非觀。很多廣告人經常嘲諷別人的審美觀，但事實上他們有時候忽略了審美觀理應服從於是非觀。只看局部而不看整體、只懂審美而不懂是非，是不應該的。

曾有人在網路上提問，為什麼一些笑話，有人講就很好笑，有人講就不好笑？給的答案只有兩個字，「節奏」。講笑話不好笑，不都是節奏問題，但經常是節奏問題。有一個更極端的說法是林語堂說的，他在《蘇東坡傳》裡談到蘇東坡的畫和書法時說，一切藝術的本質問題是節奏問題。

有時候，文字的格式就是落在紙上的節奏。人們用文字記錄語言，用標點符號來還原語氣，用格式來控制節奏。為什麼同樣的一段話，不分行、連續起來就是散文，分開行就是詩？差在哪兒？差在節奏。詩是以格式或格律，強迫讓讀者以某一個節奏來閱讀這些字，不是亂按回車，它就變成詩了。

27

提案，
不是運氣的事

　　我們做廣告做創意，是為了幫助別人賣出他們的產品或服務。而對客戶提案，則是說明我們賣出我們自己的產品和服務。所以，看起來，我們很有義務成為提案高手——否則，連自己的東西都不知道該怎麼賣出去，又怎樣讓別人放心地把他們的產品和服務託付給你？

　　「提案」，是「提報方案」的簡稱，是「提報」，不是「提交」。

　　有些時候，提交就可以，客戶跟你說，不用提案了，把文件發過來我們看看就行了，你把檔案發送過去，由他自己閱讀、理解，問題也不大。但有些時候，就不能只是把檔案傳過去，靜候宣判。很多時候，當面闡述與溝通，仍然非常必要。

提案成功與否，根本上當然是取決於提案的內容，也就是我們的創意方案本身。但同時，所有同行、前輩，也一直在強調提案方法與技巧的重要性。所謂提案方法，背後其實是一門非常大的學問，是怎麼與人溝通的學問，是怎麼向人完整清楚生動地展示你的想法，甚至引導改變他人想法的學問。

把一個想法成功地推銷出去，和產出這樣一個想法同樣重要——甚至更重要些。想出一個好的想法，其實沒有那麼難，不只是專業的創意人員，就連普通人、業餘選手，也經常能冒出一些有趣的好想法，大家都可以。也沒有任何一個廣告人一輩子想不出一個好想法。但是，當那個好想法出現後，把它以合適的方式包裝、呈現出來，說服、打動別人接受這個想法，讓別人跟你一樣認為這個想法是個天才的好主意，這是很難的。

小說《貧嘴張大民的幸福生活》裡，張大民爭取家人同意他結婚時，他的弟弟張三民說：「我第一個女朋友要是不吹，我就在你前邊了；第二個女朋友要是不吹，還能趕你前邊；現在……我什麼都不說了。」每當看到有同行做出精彩的廣告作品，就總有些廣告從業者發出張三民式的慨嘆：「我 2009 年那個創意要是客戶買了，我就在你前邊了；我 2012 年那個創意要是能執行出來，還能趕你前邊；現在……我什麼都不說了。」

說「三分 idea，七分講」也許是太誇張了些，但因為提案不

力而委屈埋沒了好想法的事情確實常常發生。發想是容易的，刊登是困難的。很多品質優秀的想法因為沒能被客戶接受而一次次胎死腹中，這應該是所有廣告工作者都面對過的難題吧？

很多人把這歸結於客戶們的眼光或自己的運氣，事情沒有那麼簡單。讓自己的想法存活下來，固然需要天時地利人和，卻也並不只是「運氣」二字可以解釋的。

產出創意是一種能力，讓創意存活下來、執行出來，是一種更大的能力。我有幸見過一些擅長此事的高手，他們的表現讓我相信，這種能力千真萬確地存在。

他們是怎麼做到的？我後來想，是因為他們好像總能特別真誠地讓客戶相信：我的這個創意會讓你和你的品牌受益。

而他們敢於這樣說、能夠讓客戶相信，也並不只是憑藉出眾的口才或閃光的人格，而是因為他們的創意，確實能讓客戶和客戶的品牌受益。

客戶不會為你喜愛的好創意埋單，客戶只會為對他有好處的解決方案付錢。

謝天謝地
我來了

28

那麼，該怎麼做？

我的建議是，走進提案的那間會議室之前，先要搞清楚一個問題——你要先弄明白，你是誰。這個「你是誰」，會決定稍後發生的一切，決定你用什麼樣的姿態跟對方交流，決定你說出什麼樣的話來，決定你面對別人的回饋時該怎樣回應。

這個「你是誰」，可以有很多種選擇，比方說——

A. 是科科滿分次次優等的學霸考生

B. 是巧舌如簧志在必得的推銷專家

C. 是說學逗唱滿堂歡笑的演員明星

D. 是製造奇蹟帶來驚喜的魔術大師

E. 是親切熱絡無話不談的好友閨蜜

F. 是包您滿意體貼入微的貼心侍者

G. 是時尚有型另類脫俗的創意怪咖

如果讓你選擇一個自己在提案時的身分、姿態，你會選擇哪一個？

這些角色，我都見過。可能跟那些人的個性有關，他們選擇了不同的策略，或者是他們沒有特意選擇，但表現出來的就是這樣。

喬治·路易士在提案時差點跳樓的故事，早就是業界的知名軼事，我原來所在公司的一位創意領導是英國人，也說過他在法國還是義大利提案時，脫了衣服站在人家桌上亂跳，展現熱情的事。他很自豪，覺得那是一次成功的提案，展現了真我的風采，震撼了客戶的心靈。

我也見識過一些提案風格，比如，有一次，一位負責提案的創意總監直接對客戶說：「我跟你說吧！我們寫了好多頁PPT，但你別看了，因為都是胡寫的，我就直接跟你說，我們覺得這件事該怎麼辦吧……」

反正各有風格。

我覺得，在那些風格、那些角色背後，還有一個更重要的設定——每次提案時，走進那間會議室之前，也許你該對自己說的是：來吧！我就是那個要解決他們的難題的人。

我們的每個 idea，本身就是解決方案。交給我們的 brief 裡寫著的，是客戶面臨的一道道難關，我們就是被他們寄予希望，希望能幫他們解決那道難題的人。

以前中國有個電視節目叫《謝天謝地，你來啦》，我很喜歡這個名字。

我們也該成為那個讓客戶說出「謝天謝地，你來啦」的人，應該讓大家盼望我們的到來，就像汗流浹背的人盼望提著工具箱來修冷氣的人出現。

這當然很難，但是確實有，真的有。我見過一些創意前輩，他們成功地建立起客戶對他們的信任與尊重，客戶會盼著他來解決自己的問題，就像《西遊記》裡，玉皇大帝趴在桌子下高喊「快去請如來佛祖」一樣。

通常所說的提案技巧，往往是在塑造風格。客戶確實有可能會喜歡你的風格，比如客戶會因為說學逗唱而喜歡你，因為你特別怪咖有型而喜歡你，但這樣的喜歡未必能轉化成對你產出的認同。一個有趣的修理師傅和一個好的修理師傅是兩碼子事，如果能讓客戶覺得，你是一個值得信賴的好修理師傅，那

我覺得其他可能都沒那麼重要，他可以忽視你的風格，特別瞧不起你，甚至覺得你又 low 又土，但是他認為只要你來了，就能幫他解決問題，這就很好了。

有一年我家冷氣真壞了（不知道為什麼我家冷氣老壞），我真找了一位修冷氣的工人過來，他來的那天，我特別高興，總算來了！

假設來的那位修冷氣的工人，不光能幫我修好冷氣，而且說話還特別逗，他不只修好了冷氣，還講了些修冷氣這一行的內幕門道，而且，他穿得很好看，是個帥帥的小夥子……你瞧，這是多有意思的一件事，我肯定會挺喜歡這人的——但是，有個前提，就是他先得是個修冷氣的專家，他得是個一邊跟我開著玩笑，一邊修好我家冷氣的人。

他要是光跟我說一大堆八卦、講一大堆段子，最後冷氣沒修好，還收了我 2500 元，坦白說，我會連他那些笑話和那套裝扮都一起討厭的。他的說學逗唱，他的時尚有型，他的無話不談，他的時尚穿搭，都會變成我討厭他的理由。你給我來這麼一大套花言巧語，噓寒問暖，跟我聊孩子上學該上什麼學校，結果你不幫我把冷氣修好，我還喜歡你？我家室內溫度已經攝氏 36 度了，你還跟我說我先給你唱首歌吧，你看看我這個才藝……我還喜歡你？我不抽你就算有涵養了。

一旦把自己定義成一個來解決難題的人，那麼在進入提案的那間會議室之後，你就應該告訴客戶以下幾件事——

1. 我知道你遇到了什麼問題。
2. 我已經找到了你的問題所在。
3. 我來給你看看我的解決辦法。
4. 為什麼這個辦法能解決你的問題。

　　每次提案，都是在溝通這四件事。我們大多數的提案檔其實就是這四部分，或者應該是這四部分。哪怕沒有幾十上百頁的 PPT 檔，而只是口頭的溝通，去提報一個什麼小東西，都應該非常清楚地溝通好這幾件事。

　　溝通清楚這幾件事很難嗎？如果你是按照我們之前說的邏輯在工作，就一點都不難。因為答案都是現成的。

　　提案不是演講。你不是一個把一套準備好的話背誦得滾瓜爛熟的機器人，而是跟一群等待解決問題的人溝通。

　　提案也不是表演。很多人說提案就是登台作秀，請大家千萬不要誤會這句話，不要誤會成你是一個表演者，底下那些人是欣賞者。沒有人抱著欣賞一場節目的心態來看你的提案，他們是來尋找答案的，不是娛樂紓壓的。如果一個人告訴你，提

案時最重要的應該是用各種誇張的方式展現你的熱情，那實在是有點言不及義。我們又不是娛樂明星，客戶花錢給你，是希望你三不五時娛樂他們一下、展示一下熱情嗎？當然不是。

　　我不會因為愛聽說學逗唱，就喜歡那個收了錢還沒修好我冷氣的人，客戶也不會因為上次看你光著臂膀跳上桌子，就在下次見到你的時候興奮地說「謝天謝地，你來啦」。相信我，不會的。

做個
好醫生

　　有一個比冷氣維修師傅聽起來更像樣的比喻。此前，我對所有提案者的建議是，提案時，你最好做一位好醫生。

　　怎樣才算是好醫生？

　　好醫生，第一應該是專業的。他對自己的業務領域專業知識的掌握程度，要贏過其他所有人，那樣才配叫醫生，談到這個病，我懂、你不懂，你就得聽我的。你的知識優勢必須是壓倒性的，這樣別人才會聽你說話。一位病人，為什麼花幾百塊錢掛個號去聽醫生給建議？因為醫生確實懂得很多病人不懂的東西。而且，他必須懂得更多，如果病人發現醫生懂的竟然還沒自己多，那怎麼行？肯定就投訴他去了。

　　這個專業性，是我們在提案時，甚至平時的每一次溝通中，

無論如何都要堅守的一點。在具體的業務知識和技能層面，你要以適當的方式展示自己壓倒性的優勢，你要讓客戶知道你確實是個專家，讓他知道那些文案不是亂寫的。我們必須消除那些底層的不信任，如果縱容不管，沒有反擊回去，以後會出很大的問題。

當然，前提是你要真懂，胡說八道是贏不了別人的，只能露出更多破綻。但幸好，懂一些文案常用的專業基礎知識並不難，研讀一遍《標點符號用法》，花不了多長時間。語法知識呢，仔細複習一遍國中國文，應付日常溝通大概已足夠了。如果還學有餘力，買本王力的四冊《古代漢語》，把裡面的常用字詞部分熟讀一遍，也就可以了。壓倒別人未必足夠，但至少以後不會輕易被人壓倒了。

話說回來，如果真是已經讀熟了這些，日常工作也足夠用心、細心，結果還是被客戶在這些方面壓倒了，那該怎麼辦？該服氣，甚至應該感到慶幸，你竟然碰到了一位這樣的神級客戶，這比碰到一個不學無術的糊塗客戶有意思多了。

我們說，面對客戶的時候不能表現出你是沒有立場的、你是不清楚的、你是糊塗的，因為這非常不專業。但是，這並不是說你要在客戶面前假裝什麼都懂，而是你應該在見客戶之前把所有問題都弄明白。

第二，好醫生是機靈的。走進任何一家醫院的診間，如果那位醫生是個遲鈍呆滯，語速和反應都很緩慢的人，跟你面無表情地說：「頭……有點……疼啊，那……怎麼……辦呢……，讓我……想想……」甚至他還愁眉苦臉，覺得一籌莫展，或者完全摸不清狀況，我想你會很不踏實的。

我們不光要機靈，還要讓別人看出我們的機靈來，哪怕只是為了讓人安心，知道為他工作的不是一群呆子。

第三，好醫生是真誠的。真誠的醫生，是那些不隱瞞、不唬弄的醫生。同樣的道理，你不僅要真誠，還要讓人家看到你的真誠。有些有經驗的提案者，會主動說幾句聽起來似乎是自曝其短的「實在話」，就是這個道理。

多解釋一下作品背後的想法，實實在在地讓對方知道你的一些真實考慮，有時也是必要的——不僅要告訴他我們的解決方案是什麼，還要解釋清楚我們為什麼要選擇這樣的解決方案。為他分析不同解決方案之間的優劣對比，告訴他為什麼我們認為目前的方案是最優的——這幾乎是一個不可省略的步驟，要讓客戶知道「所以然」。

有些時候，我們沒有機會當面提案、溝通自己的想法，只能靠影片、聲音或文字來做遠端溝通，越是這種簡化版的提案，那個介紹「所以然」的步驟越不能省略。你應該盡量解釋一下

你的考慮，或至少寫一些創意闡述附在文件裡。很多人寫創意闡述的時候也不認真，只是堆砌一些詞語就覺得完成了任務。其實，從一個創意人員寫的創意闡述裡，比起從他的作品裡，更能看出他對創意這件事的理解和認識程度，更容易判斷出他是個好創意人，還是瞎混飯的。

我們發一個檔案給其他部門的同事或客戶的時候，把附件黏貼到郵件裡，寫好了收件人地址和郵件標題後，很多人就不在內文部分寫上別的，直接就發了過去。我的習慣還是會寫，哪怕收件人就坐在我的對面，我也會寫一個能讓人清楚地知道信件內容的郵件標題，再在內文裡寫上幾句，比如「某某你好，附件裡是某某檔，出於某某考慮，我在裡頭著重強調了某某某某，其中第幾個方案我寫成了某某某某，是因為某某某某，希望跟客戶溝通時著重強調一下。謝謝。有問題隨時聯繫」之類，再署名。

說這麼幾句，也無非是提醒對方，我們的方案、文案，是用心產出的，有邏輯、有考慮，並非瞎寫湊數，請認真對待。

信任源自理解，信任也會促成更多的理解。讓客戶了解你的創意是不夠的，還要讓他理解。如果沒有建立起這種相互之間的信任與理解，那你就永遠是客戶眼裡的「沒頭腦」，客戶也一直是你心中的「不高興」。

一旦與客戶之間建立起真誠信任的溝通氣場，就一定要好好維護它。信任要用很多東西去構築，但是破壞信任卻很簡單，一件事就足以毀掉所有。這跟朋友之間的信任是一樣的，難建易毀。隨便一個謠言、幾句閒話，就能在兩個人之間形成難以癒合的巨大暗傷。缺乏真誠與信任，會導致很嚴重的後果，有時候甚至會讓你連真正的需求都難以聽到，更別說真正的判斷標準了。

　　真誠是種能力，有時候會被理解為附著於某個人身上的魅力，就是別人在客戶面前只能說一些官話，而當這個人出現時，溝通的層級就變了，大家開始說很實在的話。這種魅力是靠能力來塑造的，很多擁有這種魅力的人，都是在跟客戶日常的所有接觸中，有意地打消距離感和嚴肅感。只是要控制好分寸、把握好原則，否則很容易弄巧成拙，甚至採用非常不正確的手段。有時候會有人錯把信任與熱絡混淆。這是非常低級的錯誤。熱絡永遠不代表信任，也從來敵不過信任。

　　第四，好醫生是親切的。親切是一種姿態，是你表述這些東西時的態度。親切代表了一種放鬆，而放鬆會被理解成自信。親切不是多微笑、眼神多交流就行，要做到姿態上的親切，非常重要的一點是要把書面語言變成口語。我們思考時、撰寫檔案時，很多時候用的是書面語言，是文謅謅的、鄭重的書面語

言，提案時，建議你盡量把那些內容翻譯成親切自然的口語。把真實的思考變為一頁頁的提案檔時，你是把鮮嫩飽滿的水果曬成了水果乾，提案時，要記得把它們還原。你不能只是乾巴巴地朗讀頁面上的內容，不能生硬地背誦那些大詞、大話，不能還只有水果乾。因為大家未必能從水果乾想像到水果，他們甚至會覺得你是不是只有水果乾而沒有水果。

第五，好醫生是貼心的。我見過一些特別好的醫生，那些醫生尤其在貼心這點上做得特別好。貼心，實際上是源自一些額外的在意、額外的考慮、額外的付出。一般的醫生會跟病人說：「給你開了藥，你去拿這幾個藥吧，先去繳費，回家按時吃就行。」有些醫生則會說：「給你開了藥，你去拿這幾個藥吧，藥局有點遠，我建議你讓孩子先去拿藥，你在一樓坐會兒等他就好，其中一種藥需要冷藏，記得把冰箱溫度調好，如果有什麼問題，隨時可以諮詢我們醫院的藥局或打電話到我們科裡詢問，所有醫生都能幫你解答。還有些醫生可能會說：「給你開了藥，回家好好吃，哎，你家在哪兒？是四川吧？那來北京看病，是住在這邊嗎？這個藥是要常年吃的，以後你們每次都來北京拿藥太麻煩了，四川某某醫院的某某醫生其實也很好，我認識他，你下次直接拿著我幫你寫的病歷去找他，說是我請你們去找他看病的，他完全可以信賴，不用再往北京跑了，省

得來回花那麼多車錢……」

　　這樣的細節，任何一個醫生對病人做到了，我猜病人都會感激不盡。如果我們要建立一個長期穩定的關係，你就要有這樣的考慮與用心，以及這樣的溝通，讓對方知道你的貼心。

　　提案時，表現自己，不如了解對方來得重要。了解他在考慮什麼，他在顧慮什麼，也許你能幫他解決這樣的顧慮，那才是讓他接受你的創意方案的根本原因。他的顧慮，有些能說出口，有些也許不便明說，你如果是個真正貼心的人，就要把那些說不出來的原因也了解一下。比如，很多中階客戶看起來頑固不化，其實很可能那根本不是他個人的看法，而是他的主管沒有給他足夠的授權。這時候別說跳上桌子，你跳上雲端也沒什麼用。

　　提案的時候，這種貼心可以表現為你對創意本身之外的預算、時間、製作能力，甚至客戶內部各種決策機制等因素的考慮，但和能做到這些的好醫生一樣，這也取決於你對「病人」的實際情況、各種治療方案的差異，是否有適當甚至額外的了解。貼心，不只是噓寒問暖，不只是小恩小惠，不只是甜言蜜語，工作之外的其他領域也是如此，請各位一定要對此有個清楚的認識。

30

有頭腦的
紳士

　　那些極端個性化的提案方式，也許有時候確實有效，但有時，也很可能會被理解為缺乏基本的分寸和專業度。我不會因為一個醫生特別熱情地推銷一種治療耳鳴的藥，就買幾盒回家——如果我本來是去看腳氣的話。

　　而且，過於戲劇化的溝通方式，也許會耽誤正常必要的溝通。你認為客戶不理解你的創意，就跳到桌子上大喊大叫，可能根本就沒意識到客戶不選你的創意其實是因為專案調整，現在的預算不夠了，而他不方便跟你說出實情。

　　看看大衛‧奧格威的話——

Facetiousness in advertising is a device dear to

the amateur but anathema to the advertising agent, who knows that permanent success has rarely been built on frivolity and that people do not buy from clowns.

廣告這一行裡，滑稽惡搞是業餘選手的最愛，專業代理商則避之唯恐不及，因為他們知道輕浮譁眾換來的成功難以長久，因為他們知道人們不從小丑手裡買東西。

就是這麼個道理。

有很多品牌把自己做成了小丑，有很多廣告人也總是錯誤地致力於當小丑或勸別人當小丑。小丑當然很有娛樂性，但我不會從小丑手裡買東西，更不會讓小丑替我看病，也不會讓一個小丑來我家修冷氣。不要把自己變成小丑，要做一名好醫生。

有一次，我的搭檔小強跟我們共同的一位前輩一起去向客戶提案。當時，這位前輩是作為專家被臨時拉進那個專案來的。他們開會回來，我問小強：「她怎麼提案的？你有什麼感覺？」

小強的回答是：「特別有意思，我覺得她跟客戶的溝通特別實在。有些話換作是我，可能不會跟他們說，但她去了，就會直接跟客戶溝通，說其實你看，我是一個外人，是臨時被叫到這個專案來的，所以我對這個專案的了解不多。但是，我正好從一個外人的角度來看你們這個品牌，你們反倒可能陷入這

個專案的時間太長了，讓我這個外人來看看你們的品牌面臨什麼樣的問題、該怎麼解決⋯⋯

而客戶提出問題來，她也是非常實在地回應，既然你有這樣的需求的話，應該怎麼樣，或者該反駁就反駁，該同意就同意，不知道的就說不知道。

她沒有冒充全能的專家，或者跳上桌子，她只是一個通情達理、在一些專業領域有經驗有見地的人，或者說，其實就是大衛・奧格威所說那種「有頭腦的紳士」。

如果你是個有頭腦的紳士，你就該知道，不能用一大堆胡編的大話、空洞的虛話來代替真正的思考。

我自己參加過一些提案，坐在下頭看前方講述各種策略邏輯時，有時候也會覺得完全是在東拼西湊、胡說八道，而且我相信底下坐著的客戶們也都看得出來，大家只是習慣了這些空話，沒必要戳破而已。但也有一兩次，很熟絡的客戶會直接笑著說：「有必要寫這麼多頁廢話、繞這麼大彎子嗎？」

但凡有點智慧的客戶就能看得出來，那些內容只是在說一些空話，在湊字數。我有時候想，幸虧我不是那些會議裡的甲方，否則看到這種檔，我可能會非常惱火：你們是在侮辱我嗎？你們覺得我會喜歡看這種檔、被這種空話打動嗎？

我見過一些別人準備的輔導「提案技巧」的課程，基本上

大家都會提到，真誠的溝通特別重要。我的認識是，一個廣告人，要是被客戶看到你在提案時瞎編胡說，你的信任就破產了。客戶不傻，也不笨，你胡說八道、強詞奪理時，大家是能看出來的，當你為了賣出你的方案和創意，開始亂講、開始嘴硬時，這不僅證明你沒有能力找到真正的解決方案，也證明你在這個合作裡對對方沒有基本的尊重。

我們要做有頭腦的紳士，不要做信口胡說的騙子。

31

是戰勝疾病，
不是戰勝病人

　　關於提案，還有一個重要的原則。這其實是一個創意方案篩選的標準問題，但往往集中表現在提案階段。這個原則是──永遠不要把你自己不滿意的東西拿給客戶。

　　你交出去的東西，必須是你自己認為可以解決客戶的問題的，是能滿足客戶、你的團隊，以及你本人的產出標準的。沒有理由告訴客戶，今天帶給你的這幾個方案，其實都不能解決你的問題，或者在客戶選擇了你的某個創意方案之後再告訴他，不行，這個方案其實我們並不滿意。

　　醫生不能等病人花錢買了藥，再告訴他這個藥其實並不對症，吃了或許還會死。哪有這種道理？

　　但可惜，有時候創意人員也難免會遇到一種情況，就是你

提報的方案是團隊選擇，而你個人並不認同，或者你覺得它是不夠好的那個選項。這種情況下怎麼辦？

出現這種情況，大多是因為提案的方案出自團隊、主管的判斷，跟你個人的認知不同。這種情況下，恐怕你只有盡量避免去做這樣的提案工作，換一位對這個方案更認同的同事去提，因為有這麼強烈的抗拒，你提案的效果也可以想像。

我看過一些不好的做法，就是有些同行提案時，竟然先對客戶說「其實今天這個方案，我個人覺得是不對的……」，這就有點匪夷所思了。

我有時也不得不去提我自己覺得不夠完美的創意，也曾經在提案時對客戶說對不起我們很努力了，但由於能力和時間的限制，還沒有找到特別完美的方案，今天帶來的，是我們目前最好的幾個方案，咱們看看，大家覺得怎麼樣，或許給些回饋，我們還能改進，把它們變得更好。但我確實從來沒在提案時說過我今天帶來的幾個創意其實都特別差勁，非常不好。我不認為我們應該這麼做，或應該這麼說。

這並不是說我們永遠要誇讚自己的創意想法，哪怕是違心的。恰恰相反，我認為，即使是自己認同的創意方案，我們也不一定非要拚死捍衛。

確實很多人都說創意人員要捍衛自己的創意，一旦決定要

提給客戶的創意方案，就要竭盡全力地賣掉它，要用各種辦法證明它可行。我認為不是這樣的。

如果客戶真的在提案桌上發現了你的創意方案的某個致命弱點、某處硬傷，我建議坦白地承認它，告訴客戶，他說的確實有道理，我們回去重新修改一下，或者趕緊想想有什麼新的辦法。

我一直相信羅素說的話──

I would never die for my beliefs because I might be wrong.

我把這句話譯成──

我才不會為自己的信仰而死──萬一我信錯了怎麼辦？

我也覺得創意從業者，大可不必永遠執拗堅持，可以常常提醒自己「I might be wrong」，或許是我錯了。

「捍衛創意」未必正確，如果創意有問題、作品不精彩，我隨時準備放棄自己的立場。我永遠不會捍衛一個爛創意，哪怕那是我自己的作品。

我上大學的時候學過一門課叫「商務談判」，這門課程的第一堂課，老師在講台上說：「同學們，我們這堂課叫商務談判，大家說說談判的本質是什麼？」當時有人回答是爭取利益的最大化，有人說是堅守底線，有人說是說服對手……最後，老師公布他的答案，他說：「談判的本質，是妥協。」

　　坦白說，在老師說出這話之前，我從沒想到過這一點，而是跟很多人一樣，覺得談判就是要盡力爭取。我錯了，把談判與辯論混淆了。當年我參加過很多各種無聊的辯論會、辯論賽之類，而且，要是沒記錯的話，參加過的差不多每一場辯論賽裡，我都在最後被選為「最佳辯士」。

　　但談判與辯論不一樣，談判的本質是妥協。你坐在那裡的第一秒鐘，就得知道你是來妥協的。為什麼要有談判？是因為大家的訴求不一致，所以才談。你想花 100 元錢買走這雙鞋子，他想把這雙鞋子以 2500 元錢賣給你，不一致，所以才要談。而開始談的那一刻，你坐在那兒的第一秒，就得知道這雙鞋你 100 元買不走，而他坐在那的第一秒，就得知道，這雙鞋子他賣不到 2500 元。大家都是來妥協的，一切都是為了尋找那個妥協的共識。那個共識可能是 500 元，可能是 1000 元，可能是 2000 元，但是都得妥協，只是程度不同。

　　提案也是一樣，你要做好被批評、被否定的準備，做好繼

續修改的準備，客戶全盤接受的情況不是沒有，只是我確實沒怎麼碰見過。

　　《論語》裡說，孔子有「四絕」——「毋意，毋必，毋固，毋我」，即不臆斷，不絕對，不固執，不自限。很多人將提案也視為打仗，如果你真將自己的使命視為擊敗客戶，守住創意，那就很容易犯了孔子提到的這幾種錯誤。

　　你得知道，我們不是去攻城掠地，而是去治病救人。我們要戰勝疾病，不是戰勝病人。

用不完美
拼湊完美

　　創意方案真正進入執行階段，並不代表我們的任務完成了，事實上，執行階段的每一個細節疏忽，都有可能毀掉之前的所有努力，讓廣告的創意品質或效果大打折扣。有時候創意人員的掌控能力有限，不能決定一切，但也應該竭盡全力，來掌控、挽救那些細節。

　　我有時候反省以往的工作產出，會覺得有很多細節都沒有做好，當然有些可以找到藉口，比如當時的一些實際困難，但是也有很多時候，只是自己堅持得不夠。

　　我們總得妥協，總是做出不完美的東西，大家都一樣。做出來的東西，不是每一個都值得我們自豪，到了最後執行階段，儘管心裡不斷地提醒自己要努力把每個細節都做好，但實際上，

一切都有可能出錯。

　　大學畢業後的頭一年，我在某外商市場部做管理實習生。一次，主管讓我到廣東出差——一套 8 個產品的新包裝，在順德的一家工廠印製，主管讓我去打樣。具體地說，就是要我去監督工廠的工人們調校機器，印刷出合格的包裝來，並簽字確認，今後以此為標準生產。什麼叫合格？主要看兩方面：精度、顏色。

　　於是，我在那家印刷廠耗了大約兩、三天。有幾位印刷技師，每次調好新一款包裝的顏色就叫我去看，我則會將他們印出來的包裝與我手裡的一個標準版本比對，告訴他們要深一點還是淺一點，哪裡還有差別需要調整。

　　我很認真，8 款包裝都認真地與標準版本做了多次對比，盡量讓它們縮小差別，每次都努力做到看起來絲毫不差才簽字確認。最後，8 款包裝都確認了，印刷廠給了我一套完整的打樣版本供我存檔，拿過來一看我就傻了，8 款包裝放在一起，才發現顏色深的深、淺的淺，什麼樣的都有……

　　道理很簡單：每一個都是跟那個標準版本比對的，但每次都會有一點誤差，有的偏深，有的偏淺。我如果稍微動點腦子，每次都不僅是拿出那個標準版本，也拿出之前已經確認的每一款包裝，放在一起比對，就不會出現這樣的問題。

這件事並沒導致什麼特別嚴重的後果。主管向印刷廠打聲招呼，說打樣不準，下一批印刷時要重新調整，縮小色差。印刷廠當然沒什麼問題，調一調也就好了。 只是這事一直是我自己心中的一個恥辱——這個錯誤太低級了。

　　我在開始做這件事情之前，沒有認真考慮應該怎麼做。做之前沒有想出做這些事的正確方法，沒有完整地想一遍做這件事的每個細節，很多看起來很簡單、完全不用多想的工作，只要稍微一不注意，就會出現意想不到的惡劣後果。這不是做的時候錯了，而是做之前就錯了。

　　創意執行也是如此。執行之前，最好把所有細節都在腦子裡想一遍，當然還是有可能存在疏漏，但是你想得越多，出錯的機率就越小。

　　創意人員往往會在發想一個 idea、提報一個 idea 的時候，用理想呈現狀態（甚至是不負責任地遠遠誇大的狀態）來描述，以引起大家的期待，但實際上，那個理想狀態在實際執行時是很難實現的。我們明明知道一個 idea 在執行時會因為各種現實的、能力的因素而大打折扣，但無論是在內部討論時，還是對客戶溝通時，還是會過度美化一個想法，甚至是一個爛想法——大家總是忍不住為自己的 idea 幻想一個完美的執行方案，來替那個想法加分。一個小有亮點的影片腳本，創意人員會在

描述時認為，只要拍得特別有趣、好玩，特別好笑，就是一個特別棒的廣告。

如果你在描述 idea 的時候，毫無節制地誇大這部片子將要實現的精彩程度，而且大家也真的缺乏經驗，聽信了你的承諾，那你就是不幸地為自己挖了一個特別大的坑。第一，執行時片子的效果很可能達不到你建立起來的那個期待；第二，即使已經達到了你自己描述的那個程度，大家也未必會真的覺得它那麼精彩有趣，因為，精彩有趣這件事幾乎是沒有標準的。不能把自己腦補的執行水準當作一定能實現的情況，在提案時不要過度承諾，不要為了把一個想法推銷出去就胡說八道，大家之間的信任禁不起這樣透支。不能用那些空中樓閣來哄騙客戶，也別用它來哄騙自己。你得清楚地知道，大多數 idea 在執行階段會減分，而不是加分。很少有哪次執行可以完全按照大家期待的理想狀態呈現出來。每次執行都會有遺憾。完美的導演、完美的演員、完美的時間、完美的道具，我一次都沒遇見過。

努力做好執行之外，更根本的解決辦法是應該努力避免過度依賴執行，或是完全依賴執行的 idea。電影裡也講 high-concept（高度概念化）的概念，即高度概念化的電影故事。有些電影只給你一句話的簡介，你也會知道這是個好故事、好電影。

其實，這就是我們之前所說的，要從「Idea 金字塔」的更高層級去解決問題。一個出色的策略 idea、一個好的創意 idea，未必依賴於執行的細節，這點我們之前已經談過了。

　　執行的程度，跟客戶的實際情況是有很大關係的。我們不能好高騖遠。如果你跟一個客戶合作，發現他們的平面廣告都是找水準非常差的攝影師拍攝，而且他們堅持只要這種攝影師，那你下一次就得想一個連這種攝影師都能拍好的平面想法。

　　你明知道這個病人買不起一盒 3000 元的進口藥，卻非得給他開這種藥，恐怕只能導致他沒錢繳費，也吃不到這種藥。你開的處方等於是直接作廢。

　　都說做廣告是戴著鐐銬跳舞，「永遠沒有完美的執行」也是諸多鐐銬之一。我們不能奢望完美，只能用種種不完美拼湊完美。

　　多年前我摘抄過一句作家鄒靜之老師說過的話——「沒有一個時代是擺好了書桌，然後把門窗都關好了，說兄弟你寫吧，怎麼著都成，沒有，也等不來。有的是寫本身，不寫什麼也沒有。」我後來一直找不到這句話的出處，甚至懷疑是不是我最早的摘抄有誤。但不管這話出自誰人之口吧，「不寫什麼都沒有」的道理都是很重要的。這是消極的積極。這種有消極墊底的積極，可能才是比較穩定的積極。

　　做廣告的人應該比作家們更容易明白這個道理，我們不該奢望一張完美的 brief，不該奢望有完美的客戶、完美的同伴、完美的預算、完美的執行團隊，我們要做的就是在這些不完美裡，努力朝著我們認為的那個完美多前進一點。這當然不容易，能做好的人確實也不多。

　　所以，完全不要因為這件事沮喪，沮喪是業餘選手們的事。

　　前文提過一部日本電影《廣播放送時》，我這些年經常給自己團隊的小夥伴播放這部片子。我建議大家也看看，什麼是業餘選手，什麼是專業的創作者，對比是很清楚的。在那部電影裡，當一位業餘作者因為執行階段的種種狀況而拒絕在作品上署名時，一名資深的主管（可理解為客戶服務部門的總監）是這樣說的——

　　你還是搞不清楚！
　　你以為我們每次聽到自己的名字都會很高興嗎？
　　不只是你，有時候我也不想被念出自己的名字。
　　因為，那意味著責任！
　　不管這節目多爛，都是我製作的，不能逃避責任！
　　這不是自我滿足與否的問題。
　　妥協，再妥協……

我們必須放棄自我，才能使節目完成！

但是，聽我說，我們也一直抱著一個信念，

那就是，總有一天，

我們要製作出能使我們自己問心無愧的作品，

將毫無妥協的作品奉獻給聽眾！

但是，這次，還不到時候。

事已至此，不管你說什麼，也會使用你的名字，

因為這是你的作品，這是毫無疑問的。

是的，雖然「這次，還不到時候」，但是，「不寫什麼都沒有」。

33 辭達
而已矣

文案有文案的標準，idea 有 idea 的標準，作品有作品的標準，廣告有廣告的標準。這幾個標準，可不相同。

我現在回想自己當年剛入行時犯的很多錯誤，就是因為分辨不清這幾個標準，把它們弄混了。接下來咱們分別說說。

先從文案的標準談起。

文案的標準，說的是如果單單評判一段廣告文案，文字、文案層面上的標準。

這個標準特別簡單，因為只有一個字——「達」。

這個字是有來歷的，《論語》裡，孔子說：「辭達而已矣。」「辭」，指言辭表達。「已」，停止。連起來，「辭達而已矣」，最樸實的直譯是：言辭文字，「達」了就可以停止了。

朱熹對這句話的注釋是「辭，取達意而止，不以富麗為工」。他說言辭把意思表達到位就夠了，不是越華麗越好。楊伯峻的《論語譯注》裡的翻譯是「言辭，足以達意便罷了」。

我翻了一些中文的字典，查「達」這個字的意思。

達

1. 通：四通八達。達德（通行天下的美德）；達人；達士（達人）。

2. 通曉：洞達；練達。

3. 遍，全面：達觀（對不如意的事情看得開，不計個人的得失）。

4. 到：到達；抵達；通宵達旦。

5. 實現：目的已達。

6. 傳出來：傳達；轉達。

7. 得到顯要的地位：顯達；達官貴人。

「達」這個字有「通」的意思，如「四通八達」、「達人」；有「到」的意思，如「到達」、「抵達」；還有「通曉」的意思，如「練達」；有「實現」的意思，如「目的已達」。

你看，巧了，這幾層意思，用來描述文案，都是非常恰當的，

而且都是對文案的最基本要求。

我們簡單地說，「辭達而已矣」的「達」，本意應該是「順暢地到達」。如果你的言辭文字，能夠順暢地把本來要表達的意思送達對方，那就夠了。

我們也可以看看這句話，英文裡是怎麼說的。我找到了對於「辭達而已矣」這句話的幾種英文翻譯。

Language should be intelligible and nothing more.
——辜鴻銘，1898

In language it is simply required that it convey the meaning.
—— James Legge（理雅各），1893

All you ask of writing is that it expresses well.
——林語堂，1947

It is enough that the language one uses should get the point across.
——劉殿爵，1979

咱們把這幾句話回譯成中文——辜鴻銘說的是「語言，能被別人充分理解即可，不必再添加其他」；理雅各說的是「對

語言的要求很簡單，就是能表達（該表達的）意義」；林語堂說的是「對文字的全部要求，就是（把要表達的意思）表達得充分完全」；劉殿爵說的是「人的語言能把觀點順暢地表達出來，就足夠了」。

楊伯峻的《論語譯注》裡還有個注釋，說可以參看「文勝質則史」，並解釋說「過於浮華的辭藻是孔子所不同意的」。

「文勝質則史」是論語裡的另一句話——「子曰：『質勝文則野，文勝質則史，文質彬彬，然後君子。』」

這句話什麼意思？我的理解是，「質」是說本質、內容，「文」是外在、表達。當你的內容大過於你的表達，或者說你的表達難以傳達你的意思，你就是很粗糙、簡陋、直接的，因為你不講究形式，是「野」。而如果「文勝質」，你的表達大於你的內容，外在大於本質，你就是浮華的。「史」在這裡是浮華、繁雜的意思。當「文」和「質」可以「彬彬」的時候，才是好的。「彬彬」指的是兩個東西相匹配、相均衡的樣子。孔子是說，表達跟內容相匹配的時候，才是好的。雖然這句話原本是形容人，但同樣的道理，對我們的工作也完全適用。

再看這個「達」。如果策略思考是清楚的，創意 idea 是明確的，那文案唯一的任務，就是把需要由文案來傳達的資訊充分地表達出來，讓讀到這些文字的人、聽到這些言辭的人，可

以充分理解。

　　讓我們要傳遞的資訊或感受，準確地從我們這一端，抵達受眾那一端，讓我們要表達的意思被他們接收到，才叫「達」。還要注意的是，我們所說把資訊傳達給受眾，目的地不是送到他眼前，而是送到他腦子裡。我們所寫的每一個字都是為了實現這個目的。

　　評判文案的唯一標準，也就是這個「達」，不管你寫得多清楚，如果不能被受眾、讀者準確地感知到，人家看不懂，不知道你在說什麼，或者沒有領會到你本來希望他領會到的意思，那就不叫「達」。

　　而且還不只是資訊或意思，「達」也包括調性的「達」。如果你要傳達的調性是年輕活潑的，但你寫的那句話讓所有人一看都覺得老氣陳舊，那就不叫「達」。

運送眼淚的
小飛船

　　你可以把文案理解成一艘小小的太空船，它的任務是把要裝載的那些資訊或感覺，全都放到文字裡，準確地、沒有遺漏地送達另一個星球。你出發的地方是大家商討決定的那個創意 idea，要前往的地方是受眾們的大腦，是他們的認知。而且，我們運送的貨物有時候還挺特殊，我們運送的不是一個金屬塊，而是一滴眼淚，你把這滴眼淚運到目的地的時候，不光是眼淚不能蒸發掉，絲毫不能減損，而且，連眼淚的溫度也不能變──冰涼的眼淚和帶著體溫的眼淚是不同的。

　　我們寫下的文案，就是那艘運送眼淚的小飛船。

　　如果一個創意想法，在你的腦子裡有 100 分，寫到紙上時變成了 80 分，且別人只能讀懂 60 分，那顯然就是沒有「達」。

如果一個很有趣的東西，大家談論時都哈哈大笑，但別人看到你寫下的文案之後，都面無表情，那顯然也沒有「達」。你的小飛船或許中途有遺漏，或許落點不準確。

汪曾祺說：「語言的目的是使人一看就明白，一聽就記住。語言的唯一標準，是準確。」我們說的「達」，也是一種準確。不歪曲、不遺漏的那種「準確」。這個「達」，是最低標準，也是最高標準，也就是汪曾祺說的「唯一標準」。「最低標準」是說，如果你的文案沒能把資訊傳遞過去，那就是不及格的文案。「最高標準」是說，如果一個文案稱得上完全、充分地表達了本來要表達的東西，那就已經沒有別的要求了，這已經是最高標準了。

有些沒入這行的年輕人認為能寫詩、能寫歌詞、能寫文章、能寫段子，就能做廣告文案。有這種認識，是因為他們連文案是什麼都不知道。這不怪他們，我進這個行業之前也沒有這樣的認識，當時也以為自己寫的那些東西挺有意思的，但那些東西談得上「達」嗎？完全談不上，因為那些東西裡有很多根本就沒有目的。我們每天在做的工作要比寫首詩、寫段歌詞、寫個段子難太多了。就是因為我們必須「達」。我們的每個字都是有責任、有目的的。

我們寫下的每一句文案，我們的每一次字斟句酌，都是為

這個「達」而服務。日常工作裡，你寫下每一個字的時候，都請想一想，這個字是不是「達」的。

因為我們要製造的是小飛船，不是漂流瓶。

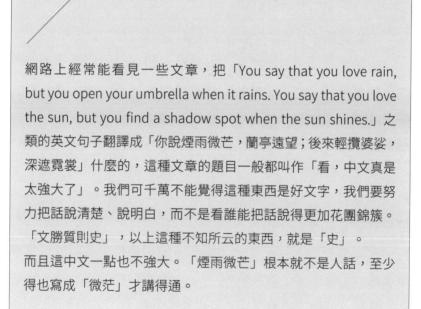

網路上經常能看見一些文章，把「You say that you love rain, but you open your umbrella when it rains. You say that you love the sun, but you find a shadow spot when the sun shines.」之類的英文句子翻譯成「你說煙雨微芒，蘭亭遠望；後來輕攬婆娑，深遮霓裳」什麼的，這種文章的題目一般都叫作「看，中文真是太強大了」。我們可千萬不能覺得這種東西是好文字，我們要努力把話說清楚、說明白，而不是看誰能把話說得更加花團錦簇。
「文勝質則史」，以上這種不知所云的東西，就是「史」。
而且這中文一點也不強大。「煙雨微芒」根本就不是人話，至少得也寫成「微茫」才講得通。

35 「禁止吸菸」是好文案嗎？

「禁止吸菸」是好文案嗎？我覺得是。

乾脆清楚，斬釘截鐵，不容辯駁。如果非要把商場廁所裡的「禁止吸菸」寫成像情詩一樣軟綿綿的東西、沒法讓人瞬間看懂或是看起來毫無威懾力，那就是錯的，那就不「達」了。那就是額外的、不必要的、本該「已」的修飾。

文案不必重奇技淫巧。「淫」字的意思是過多的、多餘的。很多「奇技」，只是「淫巧」，過多的、多餘的、不必要的、邊際效益為負的「巧」。

文字攜帶的不只是資訊，還有情緒和姿態。這篇敦促投降的廣播稿，是「達」的典範。

當然，非要把情詩寫成「禁止吸菸」也不對。「達而已矣」

不是說你只能平鋪直敘。有時候，因為要「達」，所以必須要有描摹、修辭。

為什麼要修辭？為什麼有時候要把那些句子寫得美一點、生動一點、壯闊一點、俏皮一點？因為我們要讓別人感知到要傳達的那個東西原本是一個很美、很生動、很壯闊、很俏皮的東西，我們那些修辭不是為了讓它看起來美，而是因為它本來就是美的，我們要讓修辭來幫助傳遞、還原它的美。所以，要實現「達」，代表著你要對語言文字風格有所選擇、控制。

上中學時，我讀閻連科老師的小說，看到裡頭有很多精彩的修辭——

新翻的土地裡有一股清新潮潤的泥土味。泥土味是一種深紅色。旺茂的麥莖白亮亮在月光裡，散發著溫熱膩人的白色的香……

第一次讀到這種文字時，我都讀傻了，什麼叫「溫熱膩人的白色的香」？「香」怎麼還有顏色，還有溫度和觸感？可就是這個「溫熱膩人的白色的香」，那種獨特的氣味彷彿已撲面而來，將難以描摹的複雜感受精準地傳達給我們這些讀者，這就是大師做到的力透紙背的「達」。

　　明白了「達」這個標準，你自然就會對各種燈謎型文案、燈謎型廣告嗤之以鼻。那些要讓人像謎語一樣努力猜測、費心揣摩才能領會的廣告文案，不知是出於什麼心態創作出來的。

　　我確實常常無法理解把廣告做出燈謎效果來，到底有什麼可沾沾自喜、自以為高明的，也不理解為什麼還會有很多同行為這種廣告鼓掌喝彩，甚至發個獎盃讓他抱回家。

　　以往有一種說法，認為很多在廣告節得獎的「飛機稿」，雖然不是好的廣告，卻是好的創意作品，但在我看來，其中很多連好的創意作品都不是，那些燈謎型廣告除非有與之相匹配的互動機制和特殊傳播邏輯，否則，我個人是完全不認同的。即使靠這種廣告捧回家幾尊獅子，在我個人的臆想裡，那獅子的嘴角，也會一直在你家的書櫃裡展示出一絲嘲諷的笑容。

　　明白「達」這個標準，就要在不同的情況下選擇不同的表達方式。同樣一個創意想法，在創意人員內部溝通時、在客戶面前講述時，你的表達有可能是不一樣的，因為大家的知識背景、思維習慣都不同，你要針對受眾選擇表達方式，才能最高效地實現「達」。

　　明白了「達」這個標準，也就很容易識破一些錯誤的偽標準，比如，文案是越短越好嗎？不是。教條地用字數來衡量，太沒道理了。文案長一點並不代表一定難讀難懂。有些廣告標

題只有短短六、七個字，但指望觀眾自己悟出來的潛台詞卻有幾百個字——短是短了，可完全不能清楚地傳達資訊了，短有什麼用呢？

「辭達而已矣」，希望大家能記住這五個字。

怎樣讓人「眼前一亮」？

評判 idea 的標準，同行前輩們總結過很多。

比如一份據說在很多公司都有人沿用的創意評分表，將創意分為 10 個等級——

1. Destructive.

2. No idea.

3. Invisible.

4. I don't know what this brand stands for.

5. I understand the brand's purpose.

6. An intelligent idea.

7. An inspiring idea, beautifully crafted.

8. Changes the way people think and feel.

9. Changes the way people live.

10. Changes the world.

我沒見過對應的中文版本，只好自己粗略翻譯一下——

1. 破壞性的。

2. 沒有 idea。

3. 完全被忽略的。

4. 看不出品牌的立場。

5. 能看懂品牌的目的。

6. 聰明的想法。

7. 執行精良，給人啟發。

8. 改變人們的想法和感受。

9. 改變人們的生活方式。

10. 改變世界。

　　但坦白地說，我認為這個標準有些混亂，這 10 個層級，並不是從同一維度做出的描述。或許原始的制定者有特別的考慮，或者其實有詳細的解說檔，只是我沒有看到。這裡面的某些描

述，只是針對一個創意作品的評判，但又有一些確實是從廣告的標準來看的，這就非常難以把握。

另一份流傳甚廣的標準就相對簡單清晰很多，叫作 ROI 標準。ROI 分別對應著三個英文詞 ——relevance, originality, impact，直譯過來是相關性、原創性、影響力。

在這份標準原本的解說裡，relevance 指的是與品牌／產品／消費者相關，而且是要同時與這三者相關。具體地說，包括是否忠於品牌主張、是否展現品牌個性、是否符合產品特性、是否有引發消費者共鳴的洞察。

請注意，這個相關是非常深入的、內在的相關，而不是表面的相關，並不是說你用目標消費者的口頭禪、讓演員打扮成他們的模樣，就叫相關了。很多人對相關的理解非常淺薄——產品是白領用的，所以廣告裡必須展現白領的生活；飲料是給年輕人喝的，所以廣告一定讓幾個年輕人當主角，得用他們的流行語……這個世界如果真是那麼簡單就好辦了。如果每個人只關心跟自己的生活內容相關的東西，那些古裝劇都是為誰拍的呢？相關不是那麼直接那麼簡單的，相關指的一定是洞察上的相關，是引發消費者的共鳴。

如果用咱們之前的「Idea 金字塔」來解釋的話，相關性，要從策略 idea 和創意 idea 的層面去建設，而不是在執行 idea 的層

面去拼湊。

　　多說一點，現在咱們這個時代，相關性還要再加上一條，就是是否與媒體屬性相關。一個 idea，與它要呈現的媒體是高度相關的。如今的媒體平台，已經高度分化、多元，每個媒體平台都有其獨特的屬性，每個平台上的用戶，都有其獨特的洞察。這件事，以往未必重要，但今天必須非常重視。

　　Originality 指的是創意的原創性 / 獨特性，為什麼一個廣告內容要有 originality，其實，我們談過多次的比爾‧伯恩巴克的那句話已經講得很清楚了。不只是某一個具體的作品要有原創性和獨特性，整個品牌的傳播都要有原創性和獨特性，否則就會難以區隔，或者被認為是次等的追隨者。

　　所以，即使老辦法有效、可用，我們仍要努力尋找新辦法。追逐原創性和獨特性應該是每個廣告人的本能，是我們這一行裡的「政治正確」。追求原創，可不是道德問題，而是能力問題、效果問題。

　　Impact 指的是創意的影響力，具體是指吸引人目光的能力，以及給人留下深刻印象的能力。這兩個能力，一個是在觀看當時產生效果，一個是長期緩釋，是不一樣的。曹禺說：「新奇的東西是以奇取勝，所以新奇的東西不一定好，而好的藝術永遠新奇。」

　　有些客戶只知道，也只在乎第一種影響力，而不知道、不在乎第二種。我們都經常聽到客戶說希望要一個「眼前一亮」的東西。有些廣告並不是一上來就牢牢地吸引住你的目光，讓你一直驚喜地瞪大眼睛看著它。但是，如果看完，你一輩子也忘不了。

　　如果只要求眼前一亮，這其實是很簡單的。無數新奇的創意手法、視覺方式、怪異的畫面，都可以讓大家眼前一亮，但這不該作為衡量創意的核心標準。

　　我每次聽見客戶說想要一個「令人眼前一亮」的創意時，都會眼前一黑。對方在評判創意時，說不出任何有價值的回饋，而只會說，這個東西「沒有讓我眼前一亮」，也同樣令人沮喪。因為，很顯然，這是一位專業度不高的客戶。這種客戶，可能就要在溝通上多花些工夫，要努力地向他講明白，讓他懂得他該怎麼評判我們交給他的創意方案。要讓他明白，廣告跟藝術雖然不同，但以奇取勝的能力和永遠新奇的效果，我們都應當努力追求。

　　新奇而速朽的廣告太多了，尤其在我們這個年代裡。而且，這種廣告還經常得意揚揚地嘲笑其他廣告，我老覺得《超人特攻隊》裡那個踩著倆火箭筒嘲笑 Mr. Incredible（超能先生）的小矮個兒，就是他們的形象代言人。

怎樣永遠新奇？我猜不外乎三點：精緻、豐富、深刻。有了這三點，才能永遠讓人眼前一亮。而讓廣告變得越來越沒有持久深遠的影響力的原因，也就是其反面：粗糙、單調、淺薄。

如果把 idea 的這三個衡量標準，跟我們之前的「Idea 金字塔」匹配一下的話，關係大致是——在策略 idea 和創意 idea 層面要解決的是相關性問題，選擇什麼樣的策略，打算用一個什麼樣的觀點去說服別人，已經決定了接下來要做的東西是不是跟消費者、產品和品牌相關。執行 idea 這個層面，則主要對原創性負責，策略 idea 和創意 idea 層面當然也可能有前無古人的原創性做法，但如果不幸前兩層都沒有突破，那最後執行 idea 層面，就一定要牢牢把好關，不能再追風雷同。而這三層，做好每一層，都有助於建立好的影響力。

所以你看，這三層 idea，各有其用，不能完全互補，而這也就是說，每一層都不能放鬆。

當年某英語培訓學校曾在一個音樂節現場投放過一批廣告——一些經典的英文搖滾歌曲正在播放，你熟悉旋律，卻只能聽懂歌詞裡的個別髒話……還是來報名學點英語吧！

這樣一個廣告投放在音樂節現場，就是 R、O、I 三個層面上都非常出色的廣告。把這個廣告扔到一些良知未泯的廣告節，恐怕也能拿個獎回來，揚我國威。

與 ROI 理論類似，我曾經試圖將衡量創意 idea 或創意作品的主要指標總結為「三種力」：說服力、感染力、傳播力。

簡單地說，說服力指的是你的創意作品是否能改變受眾的看法和觀點，感染力指的是你的創意作品是否能觸動受眾的情緒和感受，傳播力指的是你的創意作品是否能引發受眾的互動和分享。

如果 ROI 還是基本上從作品本身來判斷，這三種力是更側重於從創意作品對受眾的溝通效果來判斷。

Part / 4

成功的文案是讓人說出「這是個好產品、好品牌」

「對」，
是最大的「好」

　　我們在前文已經多次談到，廣告不只有好壞之分，還有對錯之別。當我們評價一個廣告時，正是先要把好壞和對錯弄清楚。

　　經常有人發給我一個廣告作品，或是一句文案、一張平面廣告、一段影片，問我覺得怎麼樣。坦白說，如果對方只是隨口一問，並不像是要認真探討的樣子，我可能就隨口胡亂評論幾句；但如果對方是很認真地詢問我的意見，我八成會回答他：「不知道。」

　　因為要評價一個廣告，就不能只看有趣不有趣、好玩不好玩、動人不動人——不能只看好壞，而不管對錯。我如果不知道它要解決的問題是什麼，根本就沒有判斷標準，連對錯都不

知道就空談好壞，是會誤導別人的。

　　廣告不是一個可以脫離傳播目標、商業問題和目標消費者來討論、來評價的東西。就好像一個陌生人拿著一盒藥來問我吃這藥好不好？我真的無法判斷，因為我連你有什麼症狀都不知道。

　　廣告是藥，不是糖，不能脫離疾病來評價藥物。根本原因在於咱們一開始談到的，創意作品是表達一個東西以獲得別人的認知，廣告是影響一些人以造成改變。創意作品意在表達自我，以獲取認知，廣告旨在影響他人，而引發改變。

　　大家往往會說「這個廣告真好」，卻很少有人說「這個廣告真對」，於是我們就經常看到很多「好而不對」的廣告，甚至還看到它們廣受讚譽。好壞與對錯，有時互不相關。評判廣告時，要先看對錯，再看好壞。因為對比好重要。

　　只對不好，有時還多少有點效果，可能已經及格了。比如有人（可能是董平或薛霸，希望你還記得他們）一天出 1000 元，讓你站在他的攤位前幫他賣鞋，你就站在那吆喝：「買鞋嘍！買鞋嘍！」就只喊這一句。雖然不精彩，但也算是對了。你喊一天，董平（或薛霸）沒理由不給你那 1000 元。

　　要是你動動腦筋，把「買鞋嘍！買鞋嘍！」這句話譜上曲，變成一首好聽的歌，而且把你的漂亮表妹找來站在這個攤位前，

幫你唱這首歌，那董平（或薛霸）可能一高興，還能一天給你再加 300 元。

但如果，你表妹雖然長得很漂亮，唱歌也好聽，但腦子不太好，把歌詞唱錯了，唱成了「買襪子！買襪子！」──那你相信我，不管她唱得多好聽，你和你表妹一分錢都拿不到。

道理很簡單：好而不對，是不可以原諒的，用我自己的說法是──「好而不對，等於犯罪」。這個道理說起來很容易明白，但在實際作業中，每天都有創意人員在犯這樣的錯誤。

我們經常會想到一些很好玩的想法，那些想法可能確實挺不錯，所以大家就越琢磨越有意思，越看越是個好東西，好到讓大家連客戶最初的需求都忘了。使用窮舉法來發想 idea 時這種情況就更多了。

客戶委託創意人員幫他們發想創意，和顧客找理髮師替自己理髮沒有區別。你是資深髮藝總監沒錯，但你再資深再總監，那腦袋也是客戶的。人家把自己的腦袋交到你手裡，說你幫我理個髮，我今天要去相親，人家還給你錢，你不能非逼著人家理一個根本不適合他的髮型，你可以勸說他，說你弄一「地方支援中央」挺好的，這是最近最潮的髮型，我認識一個做廣告的就這髮型。但如果人家不同意，你就絕對不能替人理成那麼個造型，更不能騙人家說這髮型可適合你了，你就該理這麼一

個，理這個髮型相親成功率特別高，不信你試試……

如果還用醫生的例子，你的藥是不是人類最新醫學科技的成果，跟你的藥是不是能治眼前這位張大爺的病，是毫不相關的兩個問題。

張大爺想趕緊治好自己的前列腺炎而已，你拿出攻克癌症的靈丹妙藥非要硬塞給他，還說人家不識貨——沒有像你這樣的。

把廣告做對，是一個關乎職業道德的問題。

客戶為什麼要做這個廣告？我們的廣告能不能幫他們實現這一點？簡單地說，對於創意人員來說，對或不對，就看這一點。這是檢驗廣告對錯的唯一標準。

對是最大的好，因為好原本就是由很多個對構成。錯是最嚴重的壞，因為錯會抹殺所有的好。

38 讓桌腳
開出鮮花

談完對錯，就可以談談好壞了。

為什麼要做好廣告，而不要做壞廣告、爛廣告？那本經典的《文案發燒》的序言裡已經講得很清楚——爛廣告會讓人們降低對廣告的整體期待，甚至會讓人們瞧不起廣告這個行業、瞧不起廣告人，也越來越不喜歡看廣告，甚至討厭廣告、抗拒廣告、躲避廣告。爛廣告，哪怕有效，也是自掘墳墓的做法。

好的廣告會讓人們喜歡廣告，讓人們不僅接受我們要傳播的商業資訊，實現我們的傳播目標，更能給人帶來愉悅、幸福感，甚至讓他們覺得剛剛看到的是一個很美好的作品。我們都看過好廣告，相信大家都知道好廣告帶給人的愉悅感是什麼樣的；我們也都看過爛廣告，也明確知道爛廣告給人的感覺是什

麼樣的。好廣告帶來審美上的愉悅，當然是有價值的——無論是對品牌、對受眾，還是對社會，都是如此。

當然，要做出好廣告來是很難的，比做出爛廣告要難很多。

有一個多年前就有的故事——

一群人在會議室裡開會，一個人突然往會議桌上吐了一口濃痰，他對其他人說，各位，雖然剛才這個舉動非常噁心，但我相信，你們這一輩子都不會忘記我了，就因為這一口濃痰，你們永遠都會記得這個場景。

很多爛廣告的自我辯護，跟這個人這番話的邏輯是一樣的，如果我的目的只是被你看到、被你記住，那這個行為確實可以達到目的。但是，首先，那些目睹了這個場景的人，那些「一輩子都不會忘記」這個場景的人，以後每次回想起這個場景來，恐怕都會有強烈的不適和反感，他們與他人談起這一場景，恐怕也都會順便說一句「那可真是個沒有底線、噁心的傢伙」。

其次，這個場景之所以會被永遠地記住，主要並不是那口濃痰。如果當時他不是吐了一口痰，而是用手一指那張桌子，會議桌的木頭桌腳竟然瞬間發芽、抽枝散葉、開出滿桌的鮮花，這個場景同樣甚至能更好地完成被人看到、被人記住的傳播目標。在座的所有人，同樣會一輩子忘不了那一刻發生的奇蹟，忘不掉這個竟然能讓桌腳開出鮮花來的人。

　　再者，一個人朝桌上吐痰，當然會被人記住，因為這個屋子裡只有一個人這麼做。這和現實是不同的，現實中，這間「屋子」裡有成千上百人，他們都一門心思地想被人看到、被人記住，如果同意吐痰是有效的做法，那可能瞬間就會出現幾十個人一起朝著桌子吐痰的景象。那個時候，你還能記住每一口濃痰的主人嗎？你不光不會因為吐痰而被人記住，還會不得不跟所有人一起，待在一個滿是濃痰的房間裡。而且，既然吐痰已經無效了，恐怕這幾十個吐痰的人裡，肯定會有人延續這個思路，繼續想辦法的──「吐痰已經失效，不如大便試試？」於是，再過一段時間，這個房間裡、那張會議桌的桌面上，就不只是遍布痰跡了。

　　這個例子已經太過粗鄙，我相信，誰也不希望這樣的情境真實發生。但事實上，以吐為業、以痰為榮的廣告創意人員實在不少。其實吐痰算什麼絕技？如果人人都開始吐痰，客戶又何必非找你吐不可？

　　當房間內已遍布痰跡，能變出鮮花來的人會顯得更加珍貴。吐痰人人都會，讓枯木開花的技藝卻不是隨便誰都能掌握。好廣告是在天然地製造讓競品難以逾越的壁壘，爛廣告則是在為所有人挖坑。

　　請時刻提醒自己──我們要做讓桌腳開出鮮花的人。

請問
您在哪？

創意人員和客戶溝通創意方案的時候，經常會出現這樣的矛盾：你在談好壞，他在講對錯；你為好壞而爭，他為對錯而戰。

其實，大家都該同時考慮好壞、對錯這兩項標準。我們把好壞與對錯放在一起，很容易得到一個由橫縱兩條軸組成的座標系──

　　這是一個座標系，包括四個象限。有些廣告評估工具與此類似，但是有象限而無座標軸，大同小異。事實上，這個道理如此簡單明確，但凡對這件事情有清楚認識的人，都會有類似的評判思路和方法，只不過具體的措辭表述上有區別。

　　評估自己的創意產出時，無論是一句幾個字的文案，還是一部幾百萬元拍出來的大片，或是牽扯幾千萬人的互動事件，我覺得都應該也都可以套用這個簡單的思路來檢驗一下——先看看它是對還是錯，談清楚對錯了，再來看好壞。

　　對錯該如何判斷？如果用之前談到的一些概念來做個總結，那麼，判斷廣告的對錯，就是要檢驗你產出的創意方案、創意作品，是不是匹配商業目標、傳播目標，是否傳達了要傳達的主要體驗，是否基於真實準確的洞察，是否匹配之前確定的策略 idea 和創意 idea，調性是否符合品牌的調性——這都是關乎對錯的問題。

　　前面的都好理解，調性需要單獨說一下。調性經常被誤解成好壞層面上的問題，但事實上調性可不只是好壞的問題。有一個說法叫「on brand」，就是說作品是不是與品牌既定的調性、主張、價值觀相一致。調性是否相符，是這個大問題裡的一部分。而是否「on brand」，顯然是個對錯問題。

　　我們評判自己或者別人的創意產出時，可以先用這些標準

來篩選一遍。

　　曾有前輩將這層面上的評估總結為幾個用來檢視的問題——

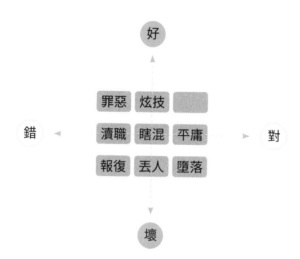

　　比如右下角的位置，你做出來的廣告很對，很匹配客戶的需求，但是做得很差，沒有趣味、表達老套、格調低下，對於滿足於這種廣告的創意人員，我給的定義是「墮落」。

　　你也許明明知道這事該怎麼做，但就是不好好做，不努力去做。這句話明明可以說得很好、寫得更動人或更有趣，你卻滿足於用一個很爛的、不吸引人的方式說出來。這就是墮落。

　　做得對，但是表達得一般，比剛才那個強一點，但也談不

到好。我覺得那就叫「平庸」。對「好」的追求是創意人員天然的使命與責任，不追求更好，滿足於客戶的滿意，止步於自我的平庸，則必然江河日下。

要是廣告做得沒有效果，不對不錯，但是作品層面上又很壞，我覺得這是「丟人」。說明你在做出有效的廣告這件事上渾渾噩噩，糊裡糊塗，分不清對錯，而且表達上也非常差勁，你做出來的是既沒有廣告效果又令人討厭的東西。

座標系中間那個位置，不對不錯，不好不壞，這就是「瞎混」日子的人。在這一行成天瞎混的人，就會做出這樣的廣告來，別人怎麼做他就怎麼做，不用心，也不用力。

往上看一點，好，但是不對不錯。不對不錯就是在策略層面做得很平庸，可能跟所有的競爭品都差不多，但你的執行很好，表達得很不錯，這種廣告很多時候就變成了純粹的「炫技」，是創意人員自己在炫技。有很多自信滿滿的創意人員是落在這個位置上的，但這個位置沒什麼錯，因為至少已經能比很多同行做得出色了。能把同樣的策略或創意 idea 表達、執行得更加出色，也是有可能實現更強大的說服力、感染力、傳播力的。有這個本事的團隊，已經完全有資格被稱作「創意熱店」了，當然不是壞事。只是，執行上的出色，拯救不了策略上的俗套。這種廣告，也是先天不足。

再看看左側中間的部分，廣告做得不好不壞，而且還是錯的，我覺得這就是「瀆職」，是領著工資、拿著客戶的錢，卻沒做出任何有價值的東西來，連「行活」都做不出來。

　　而如果往下走，做出來的是又錯又壞的廣告，那我只能理解成這是報復。你拿了客戶的錢，在報復客戶，甚至是報復社會。因為你這個作品既傷害客戶的利益，也傷害受眾的觀感。

　　而左上角，做得很錯，但作品層面上看來卻又很好，也就是說，你做的這個廣告完全不符合客戶需求，卻很可能有很強大的說服力、感染力、傳播力——在我的這個座標系裡，這種廣告屬於「罪惡」。這是典型的南轅北轍，越好越錯。這種廣告，是我們最不該做的東西——非常有效地傳達一個錯誤的東西，那怎麼行？

　　右上角的格子，一直是空著的。雖然也許就該把「廣告」二字擺在那裡，因為，實際上，又對又好，應該是我們對每一次廣告傳播、每一個廣告作品的要求。留出一個空的位置出來，希望大家都可以努力，把自己的名字或公司的名字放到那個地方。

　　這個座標系還有一個作用，就是除了檢視作品，還可以用來對照一下日常的工作，看看自己大多數時間是在做什麼。很多人可能終日都在瞎混、平庸、丟人、墮落四個位置之間轉悠，

也可能有些人天天加班熬夜，就是努力想往罪惡的位置靠得更近一些。

或許可以說，這個座標系是廣告的標準，也是廣告人的標準。

請問，您在哪個位置？

也有人說：衡量好廣告的標準是什麼？「消費者看完廣告之後說，這真是個好產品，而不是說，這真是個好廣告」，這就是真正的好廣告了。

這話乍聽起來非常正確，但我後來想，還是不太嚴謹。「這真是個好產品」未必是唯一的正確答案——「這個產品不錯」、「我喜歡這個產品」、「這個品牌不錯」、「我喜歡這個牌子」都是有價值的結果，但確實，「這個廣告不錯」、「我喜歡這個廣告」都是沒價值的結果。

當然，「這個廣告不錯」如果能積累、發酵為「這個牌子的廣告不錯」，也有可能過渡為「這個牌子不錯」。只不過，這個變化，你直接看廣告刊登第二天店家的銷量自然看不到。

40 標準之外的 標準

　　不同的身分角色，會讓大家對創意的評判有不同的立場。這不算是什麼廣告理論，但卻是現實中存在的實際狀況——你的標準之外，還有別人的標準。

　　對錯好壞的標準，會因視角而異。觀眾的標準、消費者的標準、品牌負責人的標準、品牌負責人底下的職業經理人的標準、廣告公司的標準、廣告公司創意人員的標準等，未必全都相同。

　　比如說創意團隊、創意人員，經常只以好為標準，因為這是分工職責不同，也是術業有專攻。創意團隊裡更多的是天生喜歡好而不太顧及對的人，尤其是還有不少從業人員是以贏得廣告獎為自己的主要事業目標，以廣告獎的標準為標準。

事實上，很多公司也以獲得廣告獎的業績來衡量各個部門的創意水準，他們把每個分公司每年拿了多少重要廣告獎項作為一個重要的指標，衡量它們創意業績的好壞。這當然對生意有利，但實際上，卻造成了部分創意人員只顧得獎，不顧廣告實際效用的惡果。飛機稿或所謂「概念稿」層出不窮。

　　盡量與人為善地想，我可以把飛機稿理解成時裝週 T 台上展出的那些服裝，或者車展上各公司擺出的概念車，它還不是真的產品，但是能代表這個行業的一些嘗試，甚至是在預測一些未來可能的方向。儘管事實上，很多飛機稿完全談不上嘗試或前瞻，反倒是不切實際的停滯和倒退。

　　此外，也有一些廣告公司的工作人員會比較教條地理解客戶的需求，而不是從根本上思考怎麼解決客戶的問題。在這些人眼裡，有時候，創意人員努力做出更好的創意作品來，反倒是「不乖」的。

　　事事聽從客戶的意見，從不反駁，和真正盡力竭力地為客戶解決問題，是兩種不同層級的「服務」。我聽過一種說法，「絕對服從，是最大的消極怠工」。這裡的「絕對服從」，指的就是徹底放棄思考，而只做事事聽命的執行者。在其他行業，這或許可以允許，但作為一名創意人員、一個創意團隊，我們的價值就在於自己的思考，放棄思考是不被允許的。

　　普通受眾當然也會根據他們的標準對廣告給出回饋，我覺得，對於那些回饋的態度應該是：要聽，但是不要信。

　　要聽，是說你的廣告造成了怎樣的影響力，帶來了怎樣的效果，是可以從那些回饋裡聽到一些的；不要信，則是因為那些零散的個人回饋未必能代表真實的效果，而且，他們的判斷標準通常是模糊的，是只針對作品的。廣告歸根究柢還是為品牌服務，而不是為受眾服務。

　　尤其需要注意的是，廣告受眾的標準與消費者的標準也不同。

　　「褒貶的是買主，喝彩的是閒人」，民間的俗話說得很清楚，而這「褒貶」和「喝彩」的背後，又有一個用腳投票還是用手投票的區別。前文引用大衛‧奧格威的名言，演說後被人誇讚「How well he speaks!」（他講得真好）的那位，他的演講一定是圍觀者眼中的好廣告。

　　真正對品牌和業績關心、負責的人，比如企業的創始人、負責人，對待廣告的態度、評判廣告的標準，跟一些基層的品牌管理人員，往往也有不同。有人會真正關心廣告是否有效、能帶來多少生意，有人則只關心互動點讚的資料如何。大家追求的目標不同，不同的 KPI（關鍵績效指標）指導下，催生出來的廣告當然完全不一樣。

我們的
講究

標準之外，還有一些算不上標準的「講究」。

叫講究，不叫標準，是因為這些事情通常是沒人會強行要求你、限制你的，甚至也不是人人都在乎它們。

比如，有一段時間，我發現廣告裡說髒話的情形越來越多了——不只是髒話，有時候還包括一些髒詞。我就不具體舉例子了。

很多廣告為了吸引大家的目光，討好和追隨這樣的風氣，我覺得是不應該的。廣告是公開傳播的內容，我們的廣告又沒分級制度，你的文案是在替一個品牌發聲，並且有可能被全世界看到。

大衛·奧格威說過一句話，大意是，希望自己做的廣告讓

家人看到時，不以自己為恥。他還說，如果你做的廣告不想讓你妻子看到，那也別讓我妻子看到。

廣告不會署上創作者的名字，所以基本上沒人知道哪個創意、哪句文案是你創作的。但那些髒詞、髒話——如果這個世界上還有其他詞彙能替代它們而獲得一樣的表達效果，就盡量別用它們了。

也別忘了比爾‧伯恩巴克的話，努力讓好的文字、好的藝術，變成好的行銷內容。這是那一代廣告人的追求，我們不能太自甘下流。

以前有個說法，說一個國家的文明水準，是可以從它的街頭廣告的設計和創意水準、審美水準看出來的——當然，沒人把這個責任交給咱們，但是，如果我們對自己的職業還有些尊重的話，請大家都努力把這件事做得再好一點。

文案人員會被視為廣告創意團隊裡文字方面的專家，我們要對這家公司發給客戶的每一個字負責任，要確保用的每一個字、每一個標點符號都是正確的，每一個詞都是說得通、有道理的。

有很多人會用自己不明白的詞，放一些自己也說不清楚含義的成語、生僻詞在文案裡，我不知道這樣做的動機是什麼，這是不應該的。

還有人用三個句號代替刪節號，有人不在乎「的地得」的區別，弄混「稍後」和「稍候」，亂用「登陸」和「登錄」，或者捏造一些完全不通的說法，這也是不應該的。

　　文字語言使用上的不講究、不規範，執行的粗糙，格調的低下，以及「三觀」的扭曲，都需要避免，雖然並不是每天都有人監督你這些。在代表個人發聲的時候，你可以用有個性的表達方式，但在為品牌發聲、對大眾傳播的廣告文案裡，我們還是要堅持一些語言文字的嚴肅性。

　　據說，舊時替人粉刷房屋的工匠，講究的是一身黑衣，粉刷完幾間房子之後，身上一個白點都不能有。我不覺得這是什麼雇主提出來的需求，但這種講究是非常聰明，也非常有價值的。

　　我們這一行，也該有這樣的講究。你我，也該有你我的講究。

42

責任在哪裡，
權力就在哪裡

　　既然大家標準不同，每個人對標準的理解也不一樣，就難
免會有衝突。

　　衝突通常可以分成兩類：對與錯的衝突，好與壞的衝突。
這也好理解，有時候大家是在爭辯對錯，有時候是對好壞有不
同的判斷。

　　前文提到，有時候你爭好壞、他談對錯，這種情況，實際
上就是對錯問題。好壞之爭，遇到對錯之爭，理應擱置。

　　我的建議是，對錯問題，務必努力探討清楚。哪怕是需要
一些爭論和反駁，也必須盡量弄清楚。好壞的問題則未必，因
為好壞有些時候確實比較主觀，而且，只要做對了，就已經成
功一大半了。好壞的問題，有時沒必要不計代價地去爭論。

爭論之後，總要有個決策結論。能達成共識當然很好，如果最後大家還是各執己見，那麼，要面臨的問題就只一個了——聽誰的？

　　關於這個問題，我有一個深思熟慮後的建議，具體地說是兩條原則——

1. 誰層級高聽誰的；
2. 誰出的錢聽誰的。

　　你也可以把它直白地翻譯成——在團隊內部，最終決策由主管做；在與客戶討論時，最終決策由客戶做。

　　這兩條原則雖然聽來簡單粗暴，但背後的道理是：誰是這件事真正的責任人，就該由誰來做出最終的決定。責任在哪裡，權力就在哪裡。

　　團隊內部的職等結構，已經是種決策的機制，你的主管之所以是你的主管，就是因為公司認為他的判斷比你的更可信，讓他來做這些判斷，公司更加放心，是公司授權他在出現此類矛盾的時候做出判斷，並且承擔相關責任。

　　對這件事情不要有什麼情緒，不能理解為「他是主管，所以什麼事都得聽他的」。雖然這也沒什麼錯，但說出來聽著有

點負面，而且可能會讓你不舒服。正確的理解是，公司相信他有這個判斷能力，才讓他擔任主管，是他以往的工作表現證明了他有這個判斷力，他才變成了負責這件事情的人。

而客戶，既然是出錢僱用創意團隊來為自己的品牌提供服務，當然有權力做出最終的判斷。還是那句話，再厲害的理髮師也沒權力強行替客人理一個他自己拒絕的髮型，因為腦袋是人家的，花錢的也是他。這是個雖簡單但很重要的大道理，創意人員在日常工作中的很多困擾，都是因為忽略了這個大道理。

小白兔的
火爆脾氣

　　跟客戶之間的意見衝突，讓很多廣告工作者、創意人員，一直活在一股怨氣中。很多文章、段子都添油加醋地把甲方乙方之間的關係描述為虐與被虐的關係，似乎甲方都是一群不可理喻的壞人，乙方都是受盡欺凌的小白兔。而乙方人員在背後以各種方式嘲諷客戶、鄙夷客戶的審美，成了這個行業中一種常見的現象。

　　這非常不應該。那些滿懷怨氣大罵甲方的廣告從業者，暴露出的是自己的不專業。哪有你這麼暴躁粗魯的小白兔？小白兔哪有你這種爆脾氣？

　　贏得甲方的信任和尊重，本身就是乙方專業能力的一部分。沒能贏得甲方的信任與尊重，是乙方自己的失敗。客戶找到廣

告創意團隊是來購買服務的，不是來認祖歸宗或覲見君王的，這一點，從業人員進入這行業的第一天就該知道。

世上沒有完美的甲方。不完美不是甲方的錯。他不懂廣告，他不懂設計，他缺乏美感……是的，這就是為什麼他會找到你，接受你的報價，付錢讓你幫他做這些。我們做的就是這樣的工作，我們存在的價值就是為沒有這個能力的甲方服務，提供我們的這些能力——要是連這一點都沒弄明白，還談什麼甲方乙方？理解甲方的需求和願望是我們的責任。甲方則根本沒有理解我們的義務。

對方的需求和願望不可靠、有問題，怎麼辦呢？去溝通，去擺事實講道理，這也是客戶購買的服務的一部分。

甲方的商業目標或品牌企圖不清楚，或者是錯的，甚至根本實現不了，怎麼辦？那你就該努力思考，去幫他找到正確的、合理的那個。

那麼多廣告從業人員指責甲方不尊重他們，但我有幸親眼見過幾位廣告工作者，他們不是被甲方呵斥、指揮的小白兔，而是真正被甲方尊重的軍師與智囊——不是所有乙方都不被尊重，不是所有甲方都不尊重乙方。那麼，問題來了：為什麼我們沒被尊重？為什麼甲方不尊重我們？我們認真考慮過這個問題嗎？

我認識的那些出色的前輩廣告人，沒有一個是滿嘴抱怨的。我看到的是正好相反的景象——他們經常是客戶的朋友。曾見到一位老前輩在自己的社交網路上翻舊物拍照玩，裡頭有好幾封客戶專門寄給他的感謝信——是的，感謝信。

　　不要總是抱怨客戶的品味不好、審美差——他們不能只看審美。

　　對大多數客戶來說，有很多比美更重要的東西。不是客戶不喜歡有趣的、美好的、能夠打動人的東西，而是他們的立場、體制和職位讓他們不得不做出另外的決定。而如何幫助他們，一起突破各種阻力——思想上的阻力、體制上的阻力，做出突破自己的舉動，其實是一門很重要的技藝。

　　你可以不理解客戶，這是個能力問題，但輕浮地隨意口出惡言，就是態度問題，是人品問題，甚至是智商問題。還用醫生和病人的比喻來說吧，病人找醫生看病，跟醫生聊了會兒，結果醫生跟病人急了：「你這人怎麼一點醫學都不懂？！」你覺得病人怎麼回答合適？要是這醫生回家之後提筆寫了篇文章大罵缺乏醫學常識的病人，你怎麼想？確實有些病人久病成醫，但如果你碰到的確實是個手忙腳亂、完全不知所措的病人，也請你理解。醫生不該埋怨病人不懂醫學，就是因為病人不懂醫學，才花錢請你來為他治病開藥的。如果所有的病人都跟你一

樣懂醫學，那你可能早就改行去了。

　　我讀過一本孫大偉寫的書，裡面提到了他當年跟某客戶之間發生的一件事，原文節錄如下：

　　……這種客戶，其實是廣告公司的最愛，因為他比廣告公司更熱中追求創意！不過，卻是拿公司的錢在開玩笑！時間就在這麼來來回回之間流逝，而廣告公司面對的，是第四次提案。這好比醫生在急診室執行任務，而病人家屬卻要求為患者美容紋身！沒辦法，我只有出面，寫了一封信給客戶的高層，陳述廣告公司的主張和困擾，並附上一本行銷的書，指出書中的某些段落、章節……結果，廣告公司的看法與主張獲得客戶老闆支援，並且就第一次的廣告提案內容全部通過，加速執行。那次廣告一推出，造成業界地震，重新洗牌……

　　你猜為什麼孫大偉不是氣呼呼地回到自己的公司，跟同事一起大罵客戶，然後接著和下一個客戶溝通，或是將這次的遭遇寫成一篇文章，呈現給自己的讀者，好博得幾百條廉價的誇讚和記述類似遭遇的評論？

　　因為他的做法，才是專業的做法，才是了解自己的職責，願意努力解決問題、把事情做好的人應該選擇的做法。

不想當士兵的士兵
不是好士兵

　　這些年，很多大家稱讚的廣告，仔細分析下，其實只是回到了廣告應有的正常水準而已。

　　這其實有點可悲。就如同說，一個廚師並沒做出什麼驚世的美味，而只是沒有往炒鍋裡加入各種有毒色素和違法添加劑，就被當成了業界的翹楚。或者是，一位歌手在台上開演唱會，底下觀眾聽得熱淚盈眶、奔相走告：天啊，太厲害了！這個唱歌的竟然沒走音……你說，恥辱不恥辱？悲哀不悲哀？

　　同樣，很多被視為優秀廣告人的同行，在我看來，其實也只是做好了一些基本的工作而已。

　　這本書裡，我不厭其煩寫下的這些內容，其實也本該是人人皆知的基本常識。郭德綱早年曾經感嘆，我們天天說自己是

文明古國，可竟然還要把「不隨地吐痰」、「不大聲喧譁」這種話寫在紙上、貼在牆上，這是非常令人悲哀的。

大家都說要努力做真正的好廣告，做真正的好廣告人。做好廣告好理解，說的當然是創作，你要成為這一行的專家，你的創作水準要讓所有人信得過，這跟我們評價一名演員一樣，他能不能演好戲是最重要的。可是，什麼是好的廣告人？

大家恐怕都會想起很多廣告大師的名字來，但坦白地說，我不覺得只有廣告大師才是好的廣告人。

一個能產出好的創意作品、做出好的廣告，能對客戶的生意和品牌有幫助，對自己團隊和公司的業績有幫助，同時又是一個大家都歡迎的、喜歡的人，一個在他人看來有趣且有益的人，已經是一個難得的、好的廣告人了吧！

我們做廣告創意這一行，不是非要把自己變成著名廣告人、廣告大師，才算成功。世界不需要那麼多廣告大師，反倒更需要很多可以稱職地做好本職工作的基層廣告從業者。

日常的工作裡，你是一個值得信賴的創意夥伴，一個大家有事希望你可以出手解決難題的創意專家，大家願意聽你的意見，願意讓你來做一些決定，這已經很不錯了。我們努力做出又好又對的偉大的廣告，但不是非要把自己逼成一位偉大的廣告大師。

就像一位老理髮師，他替人理了一輩子髮，並沒有變成什麼全國聞名的髮型師、造型師，但他的主顧們都願意找他理髮，認為他很值得信賴，而且街坊鄰居也不覺得這兒有這麼一家理髮館是一件令人討厭的事，偶爾還願意來找他聊聊天，家裡包了餃子願意給他端一碗過去，或是偶爾拉他到自己家喝杯小酒，我覺得，他就很成功了——因為這實在已經很不簡單。

　　要是所有士兵都覺得當士兵是個恥辱，當將軍才有價值，那這支隊伍恐怕離出問題也不遠了——不想當將軍的士兵未必不是好士兵，不想當好士兵的士兵肯定不是好士兵。

　　「好廣告人應該是怎樣的人」這個問題，大衛‧奧格威曾經給過答案。《奧格威談廣告》（Ogilvy On Advertising）裡，他詳細列舉了廣告公司裡一些職位所需要的基本素質，比如文案、美術指導、創意總監，分別都該是怎樣的。而在「How to run an advertising agency」（如何經營廣告公司）一節裡，他提到了他最想聘用的是哪一類型的人。原話是：

I have always tried to hire what J.P.Morgan called"gentlemen with brains".

　　我一直想聘用 J. P. 摩根說的那種「有頭腦的紳士」。

就是前文也提過的「有頭腦的紳士」。在那段原文裡，接下來，他還解釋了他所說的 brains（頭腦）是什麼——

Brains? It doesn't necessarily mean a high IQ, it means curiosity, common sense, wisdom, imagination and literacy.

試譯一下，他說的是——

「所謂頭腦，無關智商高低，而是滿懷好奇、通曉情理、富有智慧、善發奇想、精於撰寫之意」。

那怎樣才算 gentleman（紳士）呢？他沒細說。想必是覺得不必細說。我總為此感到遺憾——為什麼不多說幾句呢？並非每個時代的人都不言而喻地知道什麼叫 gentleman。

奧格威去世已有多年，他的話也有可能早已過時，即使不過時，也未必正確。但我自己總想起這句「gentlemen with brains」來。有時候是檢討自己，有時候是評估別人。方法是一樣的：假設是一名「有頭腦的紳士」，他面對你我所面對的境況時，會怎麼做？該怎麼做？檢討下來的結果經常令人沮喪——不論自己還是他人，問題確實經常出在不夠有頭腦，或不夠紳士上。

有頭腦，可解決難題；夠紳士，能消弭衝突。那些氣急敗壞破口大罵的，恐怕是兩個科目都沒及格，有一門達標，必不至此。

後來，我應對具體問題時就常試著反過來想：要是再有頭腦點該怎麼辦？要是再紳士點該怎麼辦？有時候真有幫助。

不得不再次提到的是，我有幸在這個行業裡見過很多非常出色的人，他們聰明、勤奮、才思敏捷，他們有足夠的學識和天分、有好的趣味和性情，他們可以做到很多我們想做而做不成的事。那些人是這個行業裡的燈塔，他們並不是聲名顯赫的廣告大師，但他們的存在確鑿地告訴我們，好的廣告人可以是怎樣的。

術，道，功

　　剛進廣告這一行的時候，我自知什麼都不懂，就買了很多書讀，當時也不知道什麼書好，就亂買。團隊裡的一位前輩看到了，跟我說，這一行，看這種書作用不大，還是要多跟身邊的同事學。書要讀，但是書不能代替每天工作中的學習，書能讓你明白一些道理，但道理都明白，一出手卻一塌糊塗的人，這一行裡多的是。

　　是的。懂得很多文學理論、創作技巧，未必就能寫出一部好的長篇小說。我們現在這本小書，大家讀了，也不可能直接就變成一個廣告創意高手——任何聲稱有這種效果的書，我都抱持禮貌的懷疑態度。

　　甚至，讀了我們這本書，懂了我說的這些道理，可能反倒

會增加你的疑惑。我倒覺得，這些增加的疑惑，反而是好事。帶著這些疑惑工作，比沒有這些疑惑好。

要學習的，一是理論，二是技巧。理論是「道」，技巧是「術」。

現在這本小書，談的大多是「道」，而較少涉及「術」。「術」要在實踐中，基於具體的問題、案例來學習演練。

而「道」和「術」之外，還有個東西，叫作「功」。

「功」是內在的，但也會有外在表現。「功」的外在表現是手勁，是分寸，是感覺。

相聲演員有一個詞叫「尺寸」，同樣的一個包袱，劉寶瑞（單口相聲大師）在台上講一遍，所有人都笑了，你講一遍，一個字也沒差，但底下就是沒人笑，差在哪？可能就是差在這個「尺寸」上，這個尺寸，這個勁頭兒，包括你表演的每一處節奏，所有的輕重緩急，所有的抑揚頓挫，所有微妙的語氣和表情。

我們判斷一段話動人不動人，判斷兩個故事哪個更好玩，判斷兩個顏色哪個更合適，很多時候都說不出一個客觀具體可描述的標準來，這個時候，負責判斷的，就是你的「功」——說得更明白點，這是一個審美問題，這些判斷其實都要靠好的審美來支撐。而這個審美背後是什麼呢？恐怕是眼界和經歷。

有這麼一句話，「練拳不練功，畢竟一場空」，也有說「到

老一場空」的。為什麼一場空？我的理解是，往淺裡說：有拳而無功，就是空有招式，沒有內力。打出拳去，也只在肌膚腠理之間，四個字：拳不敵功。往深裡說：拳怕少壯。拳會老，功不會，功能上身。有功在，就不怕拳的變化與革新。

寫文案，做廣告，也是一樣。

以前每次招聘文案，在網上發布消息時，我都會說請將簡歷及作品發送至某某郵箱。簡歷很重要，作品很重要，但更重要的是什麼？是那封郵件的標題與正文。

作品集裡都是拳，那封信裡透露的才是功。文字功底？不，那也只是拳。

我確實一向認為文案應該分清「的地得」，文案應該掌握標點符號的正確用法，文案應該熟悉基礎的漢語語法，比如能分清句子裡各部分的結構，應該多少懂點平仄音韻，應該有點文言文常識……但這都是拳。是拳，就能教，就能學。剛才說的這些，想學，也都不難。

那麼，從一封郵件裡能夠透露出來的「功」，是什麼？是你對別人讀這封郵件時閱讀感受的在意程度與掌控能力，是郵件中可能展現出你個人的品味、格調、修養、閱歷，甚至是你這個人乃至你的人生的生動水準與精彩程度。

不要
「一心熱愛廣告」

　　我面試創意人員的時候，還老愛問一個問題：「你的愛好是什麼？」很多人會說我的愛好是看電影、聽音樂、讀書。這聽起來就有點可疑了，坦白地說，如果你的愛好只是看電影、聽音樂、讀書，基本上可以證明你這人其實沒什麼愛好。愛好和消遣可不一樣。

　　但我通常會多問一些：那你最近看的是哪幾本書？你喜歡的作家有誰？你喜歡的電影有哪些？你都聽些什麼音樂？近幾年，有時候還會問你常看哪些 APP，你關注哪些媒體？

　　「我讀得還挺雜的。」「我看得還挺雜的。」「我聽得還挺雜的。」「什麼都看。」這是我最常聽到的答案。這些答案當然不夠好。再稍微多問幾句，就很容易分辨出來，他是真的

「聽得還挺雜的」，還是只是漫無目的、隨波逐流。而且，回答這種問題，造不了假的——這不是拳，這是功。

當我問你的愛好是什麼時，我其實有時候並不在乎你喜歡的那個東西是什麼，我所在乎的，跟你喜歡的這個東西是高雅還是低俗，有趣或是無趣，一點關係都沒有。我只是要確認，我眼前這個人不是個「無所用心」的人。一個無所用心的人，恐怕對工作也用心不到哪去。

我有時候還會問，你談過幾次戀愛？你平時都玩什麼？或者你身邊的朋友通常都怎麼評價你這個人？甚至會讓對方跟我談一些無關的事：你覺得汽車牌照應該怎麼發才可行？你覺得中國電影有希望嗎？你覺得戶籍制度改革的趨勢是什麼？你覺得現在這些創業公司哪個最有希望？離你家最近的商場是哪個，能不能描述一下那個商場？你覺得現在這些民謠歌手中誰的歌詞寫得最好？

我不大會問你作品集裡這個作品是怎麼寫出來的。即使問，我也並不是為了知道它是怎麼寫出來的。我不看拳，我看功，看他有沒有練功的自覺、習慣、悟性。

推銷廚具的大衛・奧格威，寫黃段子拍成人電影的黃霑，在紅燈區替人收房租的 Neil French，開貿易公司的孫大偉——哦，甚至還包括扛著瓦斯穿過臭水四溢的夜市的李宗盛，我很

羨慕他們。我羨慕他們那些在各色人等中間摸爬滾打的經歷，羨慕他們點點滴滴積攢下來的那些豐富又細微的體驗。

最厲害的廣告人，通常不是在大學廣告系，或是哪家廣告公司生根發芽長出來的。因為，廣告這一行，最重要的本事，不是從《廣告理論與實務》的教材裡學來的，不是從各種獲獎作品集裡抄來的，甚至不是在廣告公司會議室裡憋出來、吵出來的——只關心廣告的廣告人不是好廣告人。

我一直很怕那些在求職簡歷裡寫「一心熱愛廣告」的年輕人。我寧願你在簡歷裡寫著你愛養狗、愛滑雪、愛樂高、愛搖滾、愛跑步、愛模型、愛打拳、愛賽車、愛籃球、愛烘焙、愛旅行，哪怕是愛劈腿、愛喝醉、愛理財、愛做小生意、愛在地鐵裡賣藝、愛去養老院跟老人下棋。我不是非得找一個「愛繁華，好精舍，好美婢，好孌童，好鮮衣，好美食，好駿馬，好華燈，好煙火，好梨園，好鼓吹，好古董，好花鳥，兼以茶淫橘虐，書蠹詩魔」的張岱來，我只是有點怕，怕你跟這個世界不太熟——跟這個世界不太熟，怎麼寫得出打動世界的好句子來？

你得去了解這個世界，得去了解那些好的東西，這是你的義務。你是在替你的客戶做這些，替他們看最好的電影、讀最好的書籍、看最美的風景、欣賞最好的藝術、了解最先進的科技，這樣你才能在他們需要的時候，幫他們想出最好的想法，

再用最好的方法去實現它。你不能總是用最現成、最時興、最熱門的辦法來解決問題，不能總是用時代餵到你嘴裡的素材和工具來創作，客戶不傻，他們不會付錢給你來買他們自己也完全掌握的東西。

　　你還得去了解這個世界上的人和事。你不能只知道他們，你得愛他們，得對他們好奇，你得去探究這些事情裡的門道。你得好奇一下為什麼那麼多人明知道霧霾嚴重也不戴口罩，你得好奇一下為什麼春節期間的火車票那麼難買，你得好奇一下雞的腦袋為什麼可以保持平穩，馬雲的英語到底是怎麼學的，喝啤酒和喝白酒到底哪個更容易上癮，提拉米蘇這四個字到底是什麼意思，你隔壁住的那對老教師為什麼跟兒女關係不好，社區保全為什麼換得那麼頻繁……

　　你得去讀點兒經濟學，讀點兒社會學，讀點兒心理學，哪怕只是些皮毛，哪怕只是些入門讀物。你至少得對這些感興趣，這些不會直接指導你寫出一句標題、想出一個腳本，但這些，是你的功。是的，遣詞造句布局謀篇是拳，世事洞明人情練達才是功，是值得你花一輩子修煉的功。

　　演員石揮寫過一篇文章叫《與李少春談戲》，裡頭記述了李少春對他的老師余叔岩的一段回憶——

余先生問我，《定軍山》的上馬應該是什麼地方用勁兒？是手腕，是肘，還是頭頸？我回答不出。又問我這條胳臂上一共有多少節骨頭？我怔住了，我從來沒有想到過這個。余先生說如果不知道胳臂上有多少節骨頭，如果不知道哪齣戲哪個角色上馬應該哪節骨頭用勁，那還唱什麼戲呢？

　　石揮說，這番話，他聽了「也為之目瞪口呆」。余叔岩說得多麼擲地有聲，要是不知道這些，「那還唱什麼戲呢？」

　　我無緣領略余叔岩的風采，但也曾親見過一些好演員、好藝人台下的樣子，比如，一些好的傳統戲曲領域的藝人。頭一次見他們時，我真被震住了，因為看見人家的樣子，腦子裡只冒出八個字來：舉止有度，顧盼生輝。一句也不用唱，一段也不用演——那是拳。隨便哪個眼神都是打磨過的，伸手拿筷子挾塊排骨到盤子裡，都美得動人心魄，恍惚間真有點兒「一笑萬古春，一啼萬古秋」的意味——這是功。

　　我當然不是說功只能用來裝點門面。事實上，當我被那些藝人的言談舉止征服時，心裡生出的念頭是：這功，就是他們自己的身價，就是他們這個行業的尊嚴。

　　練功，需要持續思考，需要不斷學習，需要隨時成長。

　　持續思考，因為處處皆修行；不斷學習，因為功夫在詩外；

隨時成長，因為舊我不足惜。

　　要練功，因為「術」和「道」是天下人的，功是自己的。

要練功，因為藝不壓身，因為功不唐捐。

你我
即是時代

　　當年剛進廣告這一行的時候，就有不少前輩跟我說：「你們這一代人啊，沒趕上好時候，廣告這個行業已經快完了。」

　　十多年後的今天，咱們看看現狀。廣告死了嗎？好像還沒有。廣告變了嗎？變了。

　　這也並不出人意料。一切靜止，也就無所謂未來。未來，就是由各種改變構成的。

　　廣告這個行業的改變，只是一個更大的改變的副產品。技術的進步，帶來媒體的改變；時代環境的改變，引發人的改變。這兩者的改變，讓商業、讓行銷、讓品牌、讓傳播，都發生了巨大的變化。跟廣告有關的一切都變了，廣告又怎能不變？

　　在這本書一開始的時候，我就說過，這本書裡的內容，也

許很快就會全都過時，這可不是客氣或謙虛。

　　廣告的傳播是依附於媒體的，媒體的變化會最直接地影響廣告的樣貌，我們在前面談到參與群體洞察的概念，就是說我們每次創作廣告內容，都要非常具體地考慮到某個具體媒體與一群具體的使用者、受眾的關係。這其實是道巨大的難題，因為媒體不只在發展，還在分化。

　　我們現在的媒體不只是更先進了，還更多樣了。以往的廣告教材完全可以單獨講授 TVC、平面廣告、戶外廣告、直郵廣告等廣告形式的創作技巧，現在的廣告教材如果要仿照當時的做法，恐怕是要將每個主流互聯網內容平台、社交平台，都單寫一章。因為每個平台，都有其獨特的交互模式和廣告邏輯，而針對這些特徵，我們都該小心翼翼地區別對待。

　　未來的創意從業者，可能也會依附於媒體而分化，因為越來越多元的媒體形式，已經不太可能讓某個創意人員成為所有媒體通吃的創意專家。

　　廣告，是透過創作並傳播內容來改變人們的看法及感受，並進而改變他們的行為——既然咱們把廣告定義成這樣的一個東西，而不只是某種具體的廣告形式，廣告就不會死。

　　因為能承載傳播目標的創意內容，在可預計的未來，是永遠被需要的。它產出的模式有可能會被改變，它被傳播的模式

也有可能會被改變，但是這樣一個行業，這樣一些內容，會一直被需要。

因為內容不死，idea 不死，這個世界上就仍然需要能想出解決問題的辦法來的人。也許客戶變了，需求變了，媒體變了，消費者變了，我們作業的模式也變了，整個行業都變了，但是，傳播策略、創意 idea，創意內容的產出能力會一直被需要下去，這是一個相對專業的技能，需要足夠的鑽研、長期的練習才能掌握，而我們就是在努力做掌握這些能力的人。

只是，廣告不死，不代表每家廣告公司、每個創意團隊、每個以此謀生的人都能安然度劫。好的內容總是稀缺的。如果你創作出來的 idea 和內容並不被需要、被爭搶，那恐怕是你做得還不夠好。

我們先要看到那些改變，再來應對那些改變。應對改變，需要的也許不只是更努力、更勤奮那麼簡單，飛機騰空而起的年代，你不能只是更賣力地鞭打拉車的黃牛。

對待這種改變，不同的人會有不同的態度立場。我自己每次想起這個話題，就會想起兩篇小說裡的人物。一個是老舍的小說《斷魂槍》裡的神槍沙子龍。洋槍洋砲都來了，我這身本事，是要跟我進棺材了，你如何誠心求教，我也不傳了。「不傳，不傳。」另一個是馮驥才《神鞭》裡的神鞭傻二——我練了一

輩子辮子功，練得出神入化，結果到了民國，說剪就給我剪了，剪了就剪了，「神鞭」的「鞭」字保不住了，「神」我還留著。

沙子龍的智慧在於他知道原本的那一套已經沒有價值，那些還癡迷於斷魂槍的弟子、來學藝的老者，反倒是愚昧的，沙子龍已經拋下了舊的包袱。傻二的智慧則在於，他知道自己最主要的優勢不在於「鞭」，而在於「神」，工具變了，技藝卻仍有價值。

我們每個人都是獨立的，不管身在怎樣的組織和團隊，我們的思考、學習，還都是由自己掌控。也許，我們都要思考一下，做這一行，最寶貴的技能、素質、精神是什麼，我們該如何獲得並保有這樣的專業技能、專業素質、專業精神，如何讓這些技能、素質、精神在新的時代裡，繼續生產出好的內容、好的 idea、好的廣告。

媒體、技術和商業環境的進化，很有可能催生出廣告的又一個黃金時代。那個時代，也許已在前方等待著我們。那樣一個廣告與內容、與媒體、與人的關係都變得更加密切的時代，會比以往更需要好的創意，以及能製造出色創意的人。

這本小書，已經拉拉雜雜說了很多，感謝各位耐心讀到此處。限於本書主題及篇幅，還有許多相關問題不曾談到，許多相關觀點未能提及。以後如有機會，咱們慢慢再聊。在全書收

尾之際，我忽然想，這本小書中所講的這些道理，歸結起來，其根本，無非是曾無數次被叮嚀的那三件小事：尊重知識，尊重創意，尊重人。而我們每個基層的廣告文案、創意工作者，做好一切工作的基礎，那個最根本的「道」，或許也就是要先從自己開始，認真做好這三件小事。

　　身處這一行業，我們的水準便是行業的水準；生在這一時代，則我們的面貌就是時代的面貌。堅守，改變，都是我們的事。前方無限可能，你我仍須努力。

結語

一些感謝

　　我自 2004 年起從事市場行銷及品牌相關工作，2006 年進入廣告創意行業，這些年裡，有眾多主管、前輩、師長，曾給予我無私的指教與提點；有數不清的同行、同事，曾在日常的工作與交流中分享他們的心得與觀點，給我很多幫助與啟發；更有不少不曾謀面的前輩大師，以他們傑出的才華、過人的智慧、偉大的作品、精彩的著述、傳奇的事蹟，激勵引領著我們這些後輩基層創意工作者努力前行。

　　能夠在數家業界頂尖的公司，與眾多認真對待工作，尊重專業，滿懷真誠與熱忱，悉心鑽研品牌、傳播、創作的前輩及夥伴一同工作，見識到他們的魅力與光彩，是難得的機緣與榮幸。不辱沒那些光輝熠熠的名字，不辜負各位以往的器重、信

任、期望，一直是我盡力在這個行業裡做好本職工作的重要動力。

倘若本書中能有一些有價值的觀點或說法，也無一不是在各種前人經驗及總結的基礎上獲得，是此前這些年，在無數前輩與同行的薰陶、鞭策、引領下，在與眾多工作夥伴及客戶、同行的探討、爭論後，才積攢下的一點點心得，在此謹表謝忱。尤其是多年來與我並肩工作、相互扶助、彼此激發、共同成長的創意搭檔胡永強，書中很多觀點經驗，都是與他無數次的切磋討論中得來。

事實上，自 2013 年我撰寫團隊內部培訓文件「文案的基本修養」初版起，文檔末尾就一直附有一份感謝名單，其中是多年來曾與我一同工作、給予我提點啟發的許多前輩及夥伴的姓名，其後數次補充，幾近百人。整理本書書稿時，原想再做增補，附於書末，但終於發現，無論怎樣增補，也難以列舉周全，只好在此一併向諸位鄭重致謝。

本書初稿完成後，承蒙林桂枝、邱欣宇、胡永強、石礫、王一辛、薛迅、草威、單靖華、金鑫等師友撥冗審閱書稿，從不同的專業角度提出了許多重要的修改意見，在此深表謝意。

遠在香港的鄧志祥先生（CC Tang）慨然應允，為本書題寫書名，更是我作為晚輩的莫大榮幸。鄧先生是當之無愧的業界

傳奇，是華人文案創意界之泰山北斗，我生也晚，無緣親承謦欬，常以為憾。

還要感謝宋秩銘（TB Song）、林桂枝、邱欣宇三位前輩撥冗命筆，為本系列書賜序。2006 年，我由邱總引薦，經桂枝面試，進入由 TB 執掌的奧美，入行成為一名初級文案，希望十餘年後的這本小書，沒有辜負他們當年的信任，沒有枉費他們多年來的教導提攜。

附：一些推薦閱讀的書

《文言和白話》張中行（中華書局，2012）

《英華沉浮錄》董橋（牛津大學，2012）

《語文閒談》周有光（讀書 · 生活 · 新知三聯書店，2008）

《余光中談翻譯》余光中（中國對外翻譯出版社，2017）

《翻譯的基本知識》錢歌川（中國計量出版社，2015）

《創意，從無到有》楊傑美（經濟新潮社，2015）

《一個廣告人的自白》大衛 · 奧格威（中信出版社，2015）

《奧格威談廣告》大衛 · 奧格威（機械工業出版社，2013）

《廣告的藝術》喬治 · 路易士（海南出版社，1999）

《Lois 廣告大創意》喬治 · 路易士（足智文化，2021）

《我的廣告人生》克勞德 · 霍普金斯（圓神，2008）

《定位》艾爾 · 賴茲，傑克 · 屈特（臉譜，2019）

《如何把產品打造成有生命的品牌》葉明桂（中信出版社，2018）

《廣告人手記》葉茂中（中國計量出版社，2016）

《計算廣告：互聯網商業變現的市場與技術》劉鵬，王超（人民郵電出版社，2019）

《真實的廣告狂人》安德魯 · 克拉克內爾（外語教學與研究出版社，2018）

《Hey, Whipple, Squeeze This: A Guide to Creating Great Advertising》Luke Sullivan（Wiley，2008）

《The Advertising Concept Book》Pete Barry（Ingram，2016）

《Bill Bernbach Said》Bill Bernbach（DDB Needham Worldwide，1989）

《Then We Set His Hair On Fire》Phil Dusenberry（Penguin USA，2005）

《The Copy Book》D&AD（滾石文化，1997）

《故事的解剖》羅伯特 · 麥基（漫遊者文化，2014）

《薛兆豐經濟學講義》薛兆豐（中信出版社，2018）

《神似祖先》鄭也夫（中國發展出版社，2018）

《萬物簡史》比爾‧布萊森（天下文化，2018）

《中國人》林語堂（郝志東，沈益洪譯，學林出版社，1994）

《閑話閑說》阿城（新經典文化，2019）

《潦草》賈行家（上海三聯書店，2018）

《Comedy Writing Secrets》Mark Shatz & Mel Helitzer（Ingram，2016）

《The Penguin Dictionary of Jokes》Fred Metcalf（Ingram，2013）

《The Penguin Dictionary of Modern Humorous Quotations》Fred Metcalf（Penguin Global，2010）

文案的
基本修煉

創意是門生意，提案最重要的小事

作　　者 — 東東槍

美術設計 — 張巖

主　　編 — 楊淑媚

校　　對 — 連玉瑩、楊淑媚

行銷企劃 — 謝儀方

第五編輯部總監 — 梁芳春

董事長 — 趙政岷

出版者 — 時報文化出版企業股份有限公司

　　　　108019 台北市和平西路三段二四〇號七樓

發行專線 —（02）2306—6842

讀者服務專線 — 0800—231—705、（02）2304—7103

讀者服務傳真 —（02）2304—6858

郵撥 — 19344724 時報文化出版公司

信箱 — 10899 臺北華江橋郵局第 99 信箱

時報悅讀網 — http://www.readingtimes.com.tw

電子郵件信箱 — yoho@readingtimes.com.tw

法律顧問 — 理律法律事務所　陳長文律師、李念祖律師

印刷 — 勁達印刷有限公司

初版一刷 — 2021 年 3 月 19 日

定價 — 新台幣 350 元

缺頁或破損的書，請寄回更換

文案的基本修煉 / 東東槍作 . -- 初版 . -- 臺北市：時報文化，2021.3 面；　公分

ISBN 978-957-13-8762-8（平裝）

1. 廣告文案　2. 廣告寫作

497.5　　　　　　　　　　　　　　　　　　109014551

時報文化出版公司成立於一九七五年，並於一九九九年股票上櫃公開發行，於二〇〇八年脫離中時集團非屬旺中，以「尊重智慧與創意的文化事業」為信念。